essentials

Essentials liefern aktuelles Wissen in konzentrierter Form. Die Essenz dessen, worauf es als „State-of-the-Art" in der gegenwärtigen Fachdiskussion oder in der Praxis ankommt. *Essentials* informieren schnell, unkompliziert und verständlich

- als Einführung in ein aktuelles Thema aus Ihrem Fachgebiet
- als Einstieg in ein für Sie noch unbekanntes Themenfeld
- als Einblick, um zum Thema mitreden zu können

Die Bücher in elektronischer und gedruckter Form bringen das Fachwissen von Springerautor*innen kompakt zur Darstellung. Sie sind besonders für die Nutzung als eBook auf Tablet-PCs, eBook-Readern und Smartphones geeignet. *Essentials* sind Wissensbausteine aus den Wirtschafts-, Sozial- und Geisteswissenschaften, aus Technik und Naturwissenschaften sowie aus Medizin, Psychologie und Gesundheitsberufen. Von renommierten Autor*innen aller Springer-Verlagsmarken.

Benedikt Siebauer •
Constance Nennewitz

MÄNNER. MACHT. KLIMASCHUTZ!

Klimakommunikation mit Männern als lösungs- und handlungsorientierter Ansatz

Benedikt Siebauer
Köln, Deutschland

Constance Nennewitz
Dresden, Deutschland

ISSN 2197-6708 ISSN 2197-6716 (electronic)
essentials
ISBN 978-3-658-50967-5 ISBN 978-3-658-50968-2 (eBook)
https://doi.org/10.1007/978-3-658-50968-2

Die Deutsche Nationalbibliothek verzeichnet diese Publikation in der Deutschen Nationalbibliografie; detaillierte bibliografische Daten sind im Internet über https://portal.dnb.de abrufbar.

Springer ist ein Imprint der eingetragenen Gesellschaft Springer Fachmedien Wiesbaden GmbH und ist ein Teil von Springer Nature.
Die Anschrift der Gesellschaft ist: Abraham-Lincoln-Str. 46, 65189 Wiesbaden, Germany

Was Sie in diesem *essential* finden können

- Warum männerfokussierte Klimakommunikation notwendig ist
- Welche Geschlechterunterschiede es gibt und wodurch sie entstehen
- Was bei Klimakommunikation allgemein zu beachten ist
- Wie Klimakommunikation für Männer effektiv gestaltet werden kann
- Welche langfristigen Veränderungen anzustreben sind

Vorwort

Warum braucht es ein Buch über Klimakommunikation mit Männern?

Es zeigt sich immer wieder, dass Frauen von den Auswirkungen der Klimakrise stärker betroffen und bei der sozialökologischen Transformation engagierter sind. Gleichzeitig sind es vor allem Männer, die in Entscheidungspositionen oder durch klimaschädliche Gewohnheiten die notwendige Transformation ausbremsen.

Diese Schieflage ist uns in unserer langjährigen Auseinandersetzung mit Klimaschutz, Psychologie und Kommunikation mehrfach aufgefallen. Doch jenseits von kritischen Analysen fanden wir dazu kaum lösungsorientierte, konstruktive Ansätze. Gestützt auf sozialwissenschaftliche und psychologische Erkenntnisse fragten wir uns daher, wie Männer besser für die Klimawende gewonnen werden können. Denn unsere zentrale Annahme lautet: **Ohne eine spezifische, männlichkeitssensible Klimakommunikation bleiben entscheidende Transformationspotenziale ungenutzt**.

Dieses Buch soll einen Beitrag zur Verkleinerung dieser Lücke leisten. Es ist nicht dafür da, Männern die Basisfakten zum Klimawandel zu erklären. Auch werden wir nicht erklären, warum es eine effektive, schnelle Wende in den Sektoren Strom, Wärme, Gebäude, Mobilität, Ernährung und Konsum braucht. Wir begründen ebenfalls nicht näher, warum bessere Rahmenbedingungen nötig sind, damit klimafreundliche individuelle Verhaltensweisen leichter umsetzbar werden. Sondern: **Dieses Buch richtet sich an Menschen, die sich bereits professionell, ehrenamtlich oder privat mit Klimaschutz beschäftigen – an alle, die bei der sozialökologischen Transformation mitwirken (wollen)**.

Uns ist gleichzeitig klar, dass auch eine bestmögliche Kommunikation an Grenzen stößt. Mittel- und langfristig sind deshalb effektivere Randbedingungen notwendig. Auch eine Kehrtwende hin zu mehr Geschlechtergerechtigkeit und Überwindung tradierter Rollenverhältnisse sind nicht nur wünschenswert, sondern dringend nötig. Auch darauf werden wir kurz und lösungsorientiert eingehen.

Für ihre Unterstützung danken wir Babett, Christine und Kerstin, Mathias und Tilman.

Danke auch an Ulli, Eva und Hanna.

Wir wünschen nun viel Freude beim Entdecken ungewöhnlicher Querverbindungen und neuer Lösungsideen!

Köln, Deutschland Benedikt Siebauer
Dresden, Deutschland Constance Nennewitz

Interessenkonflikt Die Autor*innen deklarieren Folgendes als mögliche Interessenkonflikte: Die Autor*innen sind am Klimaschutz interessiert und für ihn engagiert.

Inhaltsverzeichnis

Angaben zu Autor und Autorin

Benedikt Siebauer ist ausgebildeter Mediator und Coach. Er verbindet seine vielfältigen Erfahrungen im Einsatz für Klimagerechtigkeit mit psychologischem Wissen – inzwischen als Vorstand der Psychologists/Psychotherapists for Future e. V. Er studiert Psychologie in Bamberg und Köln und beschäftigt sich schwerpunktmäßig mit sozialem und ökologischem Verhalten.

Constance Nennewitz ist Psychologin und selbstständig tätige Psychotherapeutin. Als Expertin für Klimakommunikation bringt sie nicht nur umfangreiches Fachwissen und Beratungserfahrung ein, sondern engagiert sich auch persönlich für gesellschaftlichen Wandel. Sie ist ebenfalls Mitglied bei Psychologists/Psychotherapists for Future e. V.

Einleitung

1

Die Klimakrise hat weitreichende Folgen – nicht nur für unsere pflanzliche und tierische Mitwelt, sondern auch für die menschliche Gesundheit, soziale Gerechtigkeit und wirtschaftliche Entwicklung. Wer sich mit Klimaschutz bzw. der sozial-ökologischen Transformation beschäftigt, dem oder der fällt früher oder später auf: Frauen und Männer unterscheiden sich bzgl. Wahrnehmung, Verhalten und Betroffenheit zur Klimakrise. Dabei ist diese Grunderkenntnis erstaunlich alt, denn erste Studien dazu wurden bereits 1990 veröffentlicht (z. B. Connell, 1990). Schauen wir uns die aktuelle Studienlage an.

1.1 Geschlechterunterschiede in der Klimakrise

Bereits in der **Wahrnehmung** der Klimakrise zeigen sich deutliche Unterschiede. Zahlreiche Studien belegen, dass Frauen ein ausgeprägteres Umweltbewusstsein besitzen und die Klimakrise häufiger als ernsthafte Bedrohung erkennen (Arnocky et al., 2012; Finucane et al., 2000; McCright & Dunlap, 2013; Swim et al., 2018): Frauen beschäftigen sich intensiver mit den Folgen des Klimawandels, empfinden häufiger Schuld und Sorge und fühlen sich stärker persönlich verantwortlich. Sie nehmen die Risiken der Klimakrise bewusster wahr.

Diese Unterschiede spiegeln sich auch im **Verhalten** wider. Frauen engagieren sich tendenziell stärker im Umweltschutz und haben im Durchschnitt einen deutlich kleineren CO_2-Fußabdruck als Männer. Nach Schätzungen von Berland und Leroutier (2025) emittieren Frauen rund 26 % weniger CO_2 als Männer – ein Unterschied, der in etwa der Emissionslücke zwischen der ärmeren und der reicheren Bevölkerungshälfte entspricht. Die Erklärung: Männer konsumieren mehr Fleisch,

B. Siebauer, C. Nennewitz, *MÄNNER. MACHT. KLIMASCHUTZ!*, essentials, https://doi.org/10.1007/978-3-658-50968-2_1

fahren häufiger Auto und arbeiten öfter in emissionsintensiven Branchen (Organisation for Economic Co-operation and Development, 2008; Pearse, 2017; Stotsky, 2006). Männer haben zwar im Durchschnitt ein höheres Einkommen und einen höheren Kalorienbedarf, aber selbst wenn dies statistisch herausgerechnet wird, bleibt die Differenz bestehen (Stoll-Kleemann & Schmidt, 2017).

Abgesehen von ihrem ohnehin geringeren ökologischen Fußabdruck zeigen Frauen auch eine höhere Bereitschaft, ihren Lebensstil zu verändern, nachhaltiger zu konsumieren und sich aktiv für Klimaschutz einzubringen – etwa in Bereichen wie ökologische Landwirtschaft, Wiederaufforstung oder Recycling (Pearse, 2017; Zelezny et al., 2000).

Frauen sind zudem – insbesondere im globalen Süden – von den Folgen der Klimakrise oft härter **betroffen**. Bei Naturkatastrophen sind Frauen stärker gefährdet: Sie tragen meist die Verantwortung für Kinder, haben aufgrund ihrer Kleidung oder fehlenden Schwimm- und Kletterfähigkeiten schlechtere Überlebenschancen und sind in Fluchtsituationen einem erhöhten Risiko geschlechtsspezifischer Gewalt ausgesetzt (Nagarajan, 2020). Studien zeigen, dass in Ländern mit ausgeprägter Geschlechterungleichheit bis zu viermal so viele Frauen wie Männer bei Überschwemmungen sterben. Einige Untersuchungen legen sogar nahe, dass die Sterblichkeitsrate von Frauen und Kindern durch die Klimakrise bis zu 14-mal höher ist (United Nations, o. J.). Zudem belasten biologische Faktoren – von Menstruation, Schwangerschaft und Stillzeit bis hin zur Menopause – den weiblichen Körper ohnehin mehr. Auch tragen in vielen Regionen Frauen die Hauptverantwortung für die Versorgung mit Wasser, Nahrungsmitteln und Energie, haben aber gleichzeitig geringeren Zugang zu ökonomischen Ressourcen, Bildung und politischer Teilhabe (Brody et al., 2008; Nagarajan, 2020; Neumayer & Plümper, 2007; Parmesan et al., 2022).

1.2 Ansätze zum Umgang damit

Es wird deutlich: Der Klimawandel ist kein geschlechterneutrales Phänomen. Wie damit umgehen? Diskussionsansätze in Wissenschaft und Gesellschaft gibt es viele.

Manche Ansätze verfolgen radikal-feministische Positionen, wie jene von Kim Posster (2023), der (als Mann!) dafür plädiert, Männlichkeit als gesellschaftliches Herrschaftsprinzip grundsätzlich infrage zu stellen. Eine **geschlechtslose Gesellschaft**, in der niemand „männlich sein muss“, könne patriarchale Strukturen aufbrechen und neue Formen des Zusammenlebens ermöglichen.

Andere wiederum stellen „**Frauen-Empowerment**“ in den Mittelpunkt, betonen also die Bedeutung von Frauen in der Klimabewegung – sei es durch Initiativen wie die *Science Moms* (Sutton, 2021) oder durch bekannte Aktivistinnen wie Greta Thunberg, Luisa Neubauer und Vanessa Nakate. Natürlich verdienen klimaengagierte Frauen jegliche Unterstützung! Allerdings darf das nicht die alleinige Lösung sein, denn dies verfestigt bestehende Kategorien, reproduziert Stereotype und verschiebt Verantwortung einseitig. Die Bewältigung der Klimakrise kann nicht allein auf den Schultern der Frauen lasten.

Wir glauben: Sowohl ein überkritischer Blick auf Männer und Männlichkeit als auch eine übergroße Hoffnung auf (engagierte) Frauen sind **zeitnah nicht zielführend**. Und die Folgen der Klimakrise lassen uns nur noch wenig Zeit. Jetzt gilt es in kürzester Zeit möglichst viele Menschen dort abzuholen, wo sie stehen und sie –eben auch deutlich mehr Männer – für Klimaschutz zu aktivieren. Das schließt eine Kritik an systemischen Dysbalancen (sprich: Patriarchat) und der Arbeit an langfristigen Veränderungen nicht aus.

Wir sollten also v. a. Männer, die noch stark im Status quo verhaftet sind, zeitnah gezielter „abholen". Einerseits meinen wir damit **einflussreiche Männer und Entscheidungsträger** in Politik, Wirtschaft, Kultur und Medien, die ihre Macht nutzen sollten, um gesellschaftliche Veränderungen voranzutreiben. Andererseits werden **Männer in alltäglichen Rollen** gebraucht – als Mitarbeiter, Kunden, Familien- oder Vereinsmitglieder und technisch kompetente Personen, die z. B. bei Planung, Installation, Betrieb und Reparatur von Solaranlagen, Wärmepumpen oder E-Autos sowie beim nachhaltigen Bauen aktiv werden.

▶ **Wichtig** Für das Gelingen der Klimawende sind Männer entscheidend. Daher stellt sich unter dem Gesichtspunkt der **Zielgruppenorientierung** – einem **Schlüsselfaktor erfolgreicher Kommunikation** – die Frage: Wie sprechen wir die Zielgruppe „Männer" besser an?

Dieser Gedanke ist bislang kaum im Mainstream der Klimakommunikation angekommen, und entsprechende Publikationen sind noch rar.

Unser Ansatz ist – angesichts des knappen CO_2-Budgets – pragmatisch, moderat, umfassend und erfordert „Ambiguitätstoleranz", d. h. das Aushalten von Widersprüchen und Unsicherheiten:

- Wir akzeptieren die Realität, dass das derzeit dominante Männlichkeitsideal nach wie vor das Verhalten vieler Männer beeinflusst und ihre Identität prägt – bewusst oder unbewusst. An dieser Stelle setzen wir mit einer zielgruppenorientierten Kommunikation an – als **Anpassungsstrategie**. Dies wird in Kap. 3 und 4 vermittelt.
- Des Weiteren werden in den Kap. 5 und 6 mittel- und langfristige Wege für den gesellschaftlichen Wandel vorgestellt – als **Veränderungsstrategien**.

*Ein Hinweis an Sie als Leser*innen: Mehr Wissen um gute Klimakommunikation nützt nur, wenn es Anwendung findet. Damit Ihnen das besser gelingt, möchten wir Sie ermutigen, loszulegen und es auszuprobieren. Dafür finden Sie im Text immer wieder Impulse und Fragen, die die Lücke zwischen Wissen und Handeln verkleinern sollen.*

Fragen

- Wo beobachten Sie im Alltag, dass Männer und Frauen unterschiedlich über Klimaschutz sprechen oder handeln?
- Kennen Sie Männer, die sich aktiv für Nachhaltigkeit engagieren? Was motiviert diese?
- Was ist Ihr erster Eindruck von unserem Ansatz?

Männer und Frauen sind verschieden, oder nicht? 2

Nachdem wir also feststellen müssen, dass es geschlechterbezogene Unterschiede („gender gaps“) beim Klima-/Umwelt-Engagement gibt, stellt sich durchaus die Frage nach dem Warum. Dazu fällt auf, dass uns im Alltag und in gesellschaftlichen Strukturen weitere „gender gaps“ begegnen.

2.1 In der Alltagswahrnehmung: Unterschiede

Ein Blick in die Arbeitswelt verdeutlicht: In Deutschland waren 2023 nur 24 % der **Führungspositionen** mit Frauen besetzt; in Großunternehmen mit mehr als 10.000 Beschäftigten sogar nur 17 %. In den 200 größten deutschen Unternehmen lag der Anteil weiblicher Führungskräfte 2022 bei nur 16 %. Im Jahr 2025 erreichte der Anteil von Frauen in den Vorständen der DAX-Unternehmen mit rund 25 % ein „Rekordhoch“ (Pietralla, 2025). Trotz dieser Fortschritte bleiben Frauen in den Chefetagen deutlich unterrepräsentiert. Die „gläserne Decke“ ist nach wie vor spürbar (Manzi & Heilman, 2021). Vielleicht hängt dies auch mit subtileren Dynamiken zusammen, die sich in **sozialen Interaktionen** beobachten lassen. In Meetings, auf Podien oder in alltäglichen Diskussionen zeigt sich ein wiederkehrendes Muster: Männer sprechen häufiger und länger, sie unterbrechen öfter, und sie nehmen insgesamt mehr Raum ein – verbal wie nonverbal. Darauf werden wir in Abschn. 5.1 näher eingehen.

Zudem zeigen sich Unterschiede in **Interessen, Fähigkeiten und Vorlieben**, die im Rahmen von Sozialisationsprozessen entstehen. Technik, Maschinen, Computerspiele – all das gilt kulturell noch immer eher als „männlich konnotiert“, während soziale, kommunikative und pflegerische Tätigkeiten stärker mit Weib-

B. Siebauer, C. Nennewitz, *MÄNNER. MACHT. KLIMASCHUTZ!*, essentials, https://doi.org/10.1007/978-3-658-50968-2_2

lichkeit verbunden (und weniger wertgeschätzt) werden. Diese Zuschreibungen spiegeln sich in Berufswahl, Freizeitgestaltung und Selbstverständnis wider – und prägen damit gesellschaftliche Realitäten weit über individuelle Präferenzen hinaus.

Doch wie tief reichen diese Unterschiede tatsächlich? Handelt es sich um fundamentale, biologische Differenzen – oder sind sie Ergebnis sozialer Prägung, kultureller Erwartungen und struktureller Machtverhältnisse?

2.2 In der Forschung: Ähnlichkeiten

Die Frage nach Geschlechterunterschieden wird schon lange untersucht. Im Alltagsverständnis begegnen uns stereotype Vorstellungen noch immer: „Frauen können nicht einparken“, „Männer reden nicht über Gefühle“, „Frauen sind empathisch – Männer rational“. Solche **Zuschreibungen** sind tief in vielen Kulturen verankert, doch sie halten einer wissenschaftlichen Überprüfung nur selten stand.

In den letzten Jahrzehnten hat sich die Forschung zu Geschlechterunterschieden stark verändert. An die Stelle einfacher Dichotomien – „Männer sind so, Frauen sind anders“ – ist ein differenzierteres, interaktionistisches Verständnis getreten. Geschlecht wird heute als ein Zusammenspiel biologischer, psychologischer und sozialer Faktoren begriffen, das sich in unterschiedlichen Kontexten verschieden ausprägt.

Eine der zentralen Erkenntnisse der letzten Jahrzehnte stammt von der Psychologin Janet Hyde (2005). In ihrer einflussreichen „Gender Similarities Hypothesis“ fasste sie die Ergebnisse von über 40 Meta-Analysen zusammen, die tausende Einzelstudien einschlossen. Ihr Fazit: Der mit Abstand **größte Geschlechtsunterschied zeigt sich in der Körperlichkeit** – Männer verfügen im Durchschnitt über deutlich mehr Muskelmasse und Körperkraft als Frauen, ein Unterschied mit biologischen Ursachen, der kulturübergreifend stabil auftritt. (Bedingt durch genetische und hormonelle Steuerung des Knochenbaus entstehen auch unterschiedliche Körper- und Gesichtsformen.) **In psychologischen Bereichen dagegen sind Männer und Frauen in der Mehrzahl der Variablen sehr ähnlich**. Moderate Unterschiede finden sich nur in einigen Teilbereichen, etwa bei der räumlichen Rotationsfähigkeit, der körperlichen Aggression oder beim Selbstwertgefühl. Insgesamt zeigen sich in über 80 % der untersuchten Variablen – darunter kognitive Fähigkeiten, Persönlichkeitsmerkmale, nonverbales Verhalten und moralisches Denken – nur kleine oder vernachlässigbare Unterschiede.

Der Soziologe van Tricht (2019) fasst die Forschung zu Geschlechterunterschieden wie folgt zusammen: Die Unterschiede innerhalb einer Geschlechtsgruppe sind meist größer als die Unterschiede zwischen den Gruppen. Zudem sagen Mittelwertsunterschiede nichts über Individuen aus – sie beschreiben lediglich Durchschnittstendenzen. **Von „natürlichen Gegenpolen" kann keine Rede sein.**

Fragen

- Was glauben Sie: Warum nehmen wir im Alltag dennoch deutliche Unterschiede wahr?
- Welche Gründe für die realen Unterschiede, z. B. Repräsentanz in Führungspositionen, Kommunikationsverhalten oder Technikinteresse, vermuten Sie?
- Welche Unterschiede in den Ausprägungen bzgl. umweltbezogener Einstellungen und Verhaltensweisen sind Ihnen bei Männern und Frauen schon aufgefallen?

2.3 Mögliche Ursachen

Als Ursachen kommen Veranlagungen oder äußere Bedingungen infrage. Prüfen wir diese Ansätze genauer.

2.3.1 Naturgegeben?

Lange Zeit galt als selbstverständlich, dass die Unterschiede zwischen Männern und Frauen evolutionär bedingt und biologisch festgelegt seien. In populären Theorien hieß es, Männer seien von Natur aus als **Jäger** durchsetzungsfähig, stark und risikofreudig, während Frauen als **Sammlerinnen** fürsorglich, kommunikationsstark und sozial orientiert seien. Diese Idee diente über Jahrzehnte als scheinbar naturwissenschaftliche Begründung und Rechtfertigung traditioneller Geschlechterrollen. Doch neuere archäologische und anthropologische **Befunde widerlegen dieses einfache Bild** (z. B. Haas et al., 2020). Eine klare Arbeitsteilung hat es nie gegeben, auch Frauen waren an der Jagd beteiligt.

Andererseits existieren durchaus biologische Unterschiede – etwa in Bezug auf Hormonprofile, Körperbau oder Fortpflanzungsorgane. Doch ihr Einfluss auf unser Verhalten ist weit geringer als lange angenommen. So gilt zwar Testosteron oft als „Aggressionshormon", doch die wissenschaftliche Evidenz zeichnet ein differenzierteres Bild.

▶ **Wichtig** Die Metaanalyse von Book et al. (2001) zeigt, dass die durchschnittliche Korrelation zwischen Testosteron und Aggression nur gering ist: **Testosteron wirkt nicht als zwingender Faktor**, sondern in Wechselwirkung mit Persönlichkeit, Sozialisation sowie Situation oder Kontext.

Und selbst das **biologische Verständnis von „Geschlecht“** hat sich in den letzten Jahrzehnten grundlegend verändert. Die früher verbreitete Vorstellung, das X- oder Y-Chromosom bestimme eindeutig, ob jemand männlich oder weiblich sei, gilt heute als überholt. Biologisch betrachtet entsteht Geschlecht nicht durch ein einzelnes „Schalter-Gen“, sondern durch ein **komplexes Zusammenspiel verschiedener Gene, Genprodukte, hormoneller Prozesse und Umweltfaktoren**. Geschlechtliche Merkmale bilden sich in einem offenen Entwicklungsprozess heraus, dessen Ergebnis nicht vorbestimmt ist (Voß, 2009). Daher ist selbst das biologische Geschlecht **kein starres, binäres System**, sondern ein Kontinuum mit vielen Zwischenstufen. Zwischen den Polen „sehr weiblich“ und „sehr männlich“ existieren zahlreiche Variationen. Schätzungen gehen davon aus, dass etwa 1–2 % der Bevölkerung in irgendeiner Form intersexuelle bzw. intergeschlechtliche Merkmale aufweist – also etwa so häufig, wie es Menschen mit roten Haaren gibt.

Forschende sprechen heute vom „biologischen Geschlecht“ („sex“), wenn sie **körperlich-physiologische Merkmale** meinen. Diese sind biologisch erfassbar, aber eben nicht immer eindeutig und können sich sogar im Lebensverlauf verändern (z. B. durch hormonelle Schwankungen oder medizinische Eingriffe). Demgegenüber steht das „soziale Geschlecht“ („gender“). Dieser Begriff bezeichnet die **gesellschaftlichen und kulturellen Bedeutungen**, die mit „männlich“ oder „weiblich“ verbunden werden – also Rollenbilder, Erwartungen, Verhaltensnormen und Identitäten, also wie wir in der Gesellschaft gesehen und behandelt werden (Van Tricht, 2019).

Die Differenzierung ist deshalb so wichtig, weil viele Unterschiede, die lange als biologisch unveränderlich galten, in Wahrheit kulturell konstruiert sind. So sind Eigenschaften wie Durchsetzungsfähigkeit, Fürsorglichkeit oder Technikinteresse nicht biologisch bedingt, sondern Resultate sozialer Prägung, Erziehung, Modell-Lernen, gesellschaftlicher Normen und kultureller Zuschreibung. Während biologische Faktoren bestimmte körperliche Voraussetzungen schaffen, prägen gesellschaftliche Strukturen und kulturelle Narrative, wie diese gedeutet und gelebt werden. Der weit größere Teil beobachtbarer Verhaltensunterschiede – von Kommunikationsstil über Berufswahl bis hin zu Umweltverhalten – lässt sich durch soziale Lernprozesse, Rollenvorbilder und Stereotype erklären.

2.3.2 Sozial geprägt!

Geschlechternormen definieren, welches Verhalten als erwünscht oder unerwünscht gilt. Sie sind meist unbewusst und tief in einer Gesellschaft verankert. „Männlichkeitsnormen" sagen uns nicht, wie Männer tatsächlich sind, sondern wie wir glauben, dass Männer sein müssen – und anhand welcher Maßstäbe sie sich selbst und andere Männer bewerten. „Männlichkeit" ist im Sinne des „sozialen Geschlechts" also größtenteils anerzogen und erlernt. Es besteht sogar ein gesellschaftlicher Zwang, sich in diese Richtung zu entwickeln. Erstaunlich ist, wie sehr Menschen diese Kategorien und Wertungen verinnerlichen, sodass viele Prozesse unbewusst und automatisiert ablaufen.

Aus den Beschreibungen des Soziologen Van Tricht (2019) können wir stichwortartig extrahieren, worin die **vorherrschende Männlichkeitsnorm** besteht, also was von Männer erwartet bzw. als „normal" angesehen wird:

- Stärke, Muskeln. Tatkraft, Risikofreude. Rolle als Eroberer, Verteidiger, Gewinner, Anführer, Entscheider.
- Westeuropäisch, weiß, Mittelklasse, mittleres Alter.
- Sexuell aktiv, galant, heterosexuell.
- Wettbewerbsorientiert, konkurrierend, erfolgreich, wohlhabend.
- Handeln, Leistung und Arbeit stehen im Mittelpunkt. Geld verdienen (Hauptverdiener). Familie ernähren und beschützen.
- Rational, lösungsorientiert.
- Selbstbewusstes Auftreten, durchgreifen. Selbstsicher, überzeugend, durchsetzungsstark sein.
- Unabhängig, selbstständig sein, braucht keine Hilfe. Keine Verletzlichkeit und Angst erkennen lassen (keine Opferrolle). Hart, weint nicht.
- Dominant, aggressiv, Selbstkontrolle, Macht. Soll/darf viel sprechen, überzeugen, wissen.
- Bier trinken, Fleisch essen.

Hingegen bedeutet die **Weiblichkeitsnorm,** also was von Frauen erwartet wird, vor allem:

- Weichheit, Emotionalität. Einfühlungsvermögen. Empathie.
- Rücksichtsvoll sein, fügsam. Unterordnung.
- Verbinden, verstehen. Solidarisch sein und nicht zu individualistisch.
- Beziehungen stehen im Mittelpunkt. Mutterschaft.

- Versorgen, pflegen. Fürsorge. Sich kümmern.
- Hauptverantwortung für die Stimmung im Haushalt, Qualität der Beziehungen, Haushaltsführung und Kinder-Erziehung.
- Lieb, nett, freundlich und friedfertig sein.
- Eher Fragen stellen und zuhören.
- Schwäche, Verletzlichkeit und Abhängigkeit sind zulässig.
- Schön sein, Attraktivität.

Die bloße Existenz dieser **gesellschaftlichen Erwartungen** bzw. Stereotype wirkt auf die Realität zurück: Unterschiede werden nicht nur beschrieben, sondern aktiv hergestellt. Medien und Öffentlichkeit bevorzugen einfache Erklärungen, die Alltagsbeobachtungen scheinbar bestätigen. Auch Wissenschaft sucht nach Unterscheidungen – routinemäßig auch im Hinblick auf Geschlechtszugehörigkeit. Doch die Beobachtungen beruhen darauf, dass Männern und Frauen seit Jahrhunderten unterschiedliche Erwartungen und Aufgaben zugewiesen werden – wodurch sich tatsächlich unterschiedliche Fähigkeiten und Verhaltensmuster entwickeln. Van Tricht (2019) schreibt dazu treffend: „Was als wirklich angesehen wird, hat Konsequenzen für die Realität. […] Wenn Menschen davon ausgehen, dass etwas ‚nun einmal' so ist, tragen sie durch ihr Handeln dazu bei, dass es so wird. Dadurch werden Fakten geschaffen. Auf diese Weise wird auch Gender eine **selbsterfüllende Prophezeiung**."

Wie die **sozialen Reaktionen** sich auf die Entwicklung von Jungen und das Denken, Erleben und Verhalten von Männern auswirken, wird in Abschn. 4.1 noch genauer erläutert. **Familie, Medien und Spielzeugindustrie** verstärken diese Normen.

Ein Beispiel dafür, wie Normen Verhalten formen, ist Aggression: Jungen lernen früh, sich gegenüber (insbesondere männlichen) „Rivalen" oder „Bedrohungen" zu behaupten – durch Körperhaltung, Blickverhalten oder Muskelspannung. Ihnen wird vermittelt, Angriff sei die beste Verteidigung: niemals Opfer werden, keine Schwäche zeigen, notfalls zuerst zuschlagen.

Auch **Werbung** spielt eine große Rolle: So verband etwa die US-amerikanische Kohleindustrie in ihrer Kampagne „Friends of Coal" Kohlearbeit mit aggressiver männlicher Symbolik – Football, Militär, Jagen, Fischen. Diese Bilder stärkten das Ideal des „männlichen Ernährers" und verliehen harter, körperlicher Arbeit eine identitätsstiftende, männliche Bedeutung.

Zugleich pflegen im **Berufsleben** viele Organisationen eine sogenannte „Masculinity Contest Culture", also eine Wettbewerbskultur, die Härte, Dominanz und ständige Verfügbarkeit belohnt. Damit werden Verhaltensmuster reproduziert, die konform zur gängigen Männlichkeitsnorm sind.

Fragen

- Wie wirken sich Geschlechterrollen in Ihrem Arbeitsumfeld, Ihrer Familie, Ihrem Verein oder im Freundeskreis aus?
- Welche Geschlechternormen haben Sie geprägt – bewusst oder unbewusst?
- Wo beobachten Sie, dass kulturelle Zuschreibungen (z. B. „Frauen sind empathischer", „Männer rationaler") Ihr Verhalten oder das anderer beeinflussen?

2.3.3 Relevanz für das Umweltverhalten

Bereits bei Mädchen sind ausgeprägtere umweltbezogene Einstellungen und Verhaltensweisen zu beobachten. Doch wie wir gerade aufgezeigt haben, sind Jungen und Mädchen bzw. Männer und Frauen nicht „naturgegeben verschieden". Stattdessen stellen die Sozialisation, Normen und Werte einen zentralen Einflussfaktor dar – nicht das biologische Geschlecht (Zelezny et al., 2000).

Speziell für umweltbezogene Unterschiede sind kulturelle Vorstellungen, v. a. die traditionellen Männlichkeitsnormen, hinderlich.

► **Wichtig** Brough et al. (2016) zeigen: **Männer vermeiden tendenziell „grünes Verhalten", wenn es als „unmännlich" gilt**. (Mehr dazu in Abschn. 4.2.2). Dies ist für unser Thema der zielgruppenorientierten Klimakommunikation eine Schlüssel-Erkenntnis!

Wirksame Klimakommunikation 3

Schauen wir uns nun an, was (gute) Klimakommunikation eigentlich bedeutet und welche Ansätze wirksam sind, um Menschen generell besser zu erreichen – und damit auch in der Kommunikation mit Männern sinnvoll sind.

3.1 Mittel und Wege

Unsere Erfahrung ist, dass unter „Kommunikation“ vor allem „(mündliches) Gespräch“ verstanden wird. Doch Kommunikation hat viel mehr **Formen**: Vorträge, Workshops, Zeitungsartikel, Onlinebeiträge, wissenschaftliche Texte, Infobroschüren, Flyer, Plakate, Webseiten, Social-Media-Beiträge, Bilder, Videos, Musik oder Podcasts. Auch nonverbale Kommunikationsaspekte sind relevant: Mimik, Gestik, Körpersprache, Kleidung und die Art zu reden. Ebenso der **Kontext**: Kommunikation findet in unterschiedlichen sozialen Räumen statt, in 1:1-Situationen oder in/vor einer Gruppe, privat oder beruflich/öffentlich, gezielt vorbereitet oder „im Vorbeigehen“, in Kampagnen, Projekten, Veranstaltungen und im Marketing. Dieser erweiterte Blick eröffnet mehr Lösungsmöglichkeiten für die Nachhaltigkeitskommunikation.

Zielgruppe und Ziele einer Klimakommunikation können variieren: Vielleicht geht es darum, auf die Politik und/oder Wirtschaft einzuwirken, damit vorhandene Ziele, Ideen und Pläne konsequent umgesetzt werden, und dazu sollen Gespräche mit Vertreter*innen von Parteien, Verbänden, Vereinen oder Unternehmen geführt werden. Womöglich ist das Ziel, auf Mitbürger*innen einzuwirken, damit sie (mehr) Problembewusstsein entwickeln und individuelle Verhaltensweisen umstellen, also ihren „CO_2-Fußabdruck“ verringern oder zur Mitarbeit aktiviert wer-

B. Siebauer, C. Nennewitz, *MÄNNER. MACHT. KLIMASCHUTZ!*, essentials, https://doi.org/10.1007/978-3-658-50968-2_3

den. Vielleicht soll auch nur erreicht werden, dass Klimaschutzmaßnahmen respektiert werden – statt abgewertet, blockiert oder dagegen gearbeitet.

Auch die **Inhalte** von Klimakommunikation sind verschieden. Teils müssen wir noch Basisfakten zum Klimawandel und zur Dringlichkeit des Gegensteuerns vermitteln. Teils geht es um konkrete Umsetzung und Begleitkommunikation von Maßnahmen: Dies wäre einerseits die Reduzierung bis Schließung von Treibhausgas-„Quellen", z. B. mittels Solaranlagen, vegetarischer Ernährung, Ökostrom, Mobilitätsalternativen, Gebäudedämmung, Wärmepumpen. Andererseits braucht es den Ausbau und Schutz von Treibhausgas-„Senken", z. B. durch Renaturierung von Mooren, Schutz der Meere, Flüsse, Wälder. Klimakommunikation kann zudem helfen, Demonstrationen oder Aktionen zu organisieren und Geld zu akquirieren.

Kommunikation bedeutet also weit mehr als Gesprächsführung. Im deutschsprachigen Raum bieten z. B. Psychologists/Psychotherapists for Future e. V. oder die klimafakten.de-Akademie hierzu wertvolle Workshops und Publikationen an. Sinnvoll ist, gute Kommunikation ab Beginn einer Projekt-/Maßnahmenentwicklung mitzudenken, statt sich erst hinterher zu überlegen, wie man den fertigen Plan nun am besten „kommuniziert".

3.2 Zehn Tipps

Im Folgenden wollen wir 10 wichtige Empfehlungen bzgl. günstiger Klimakommunikation geben:

1. **Wahl einer passenden Person als Themenbotschafter*in**: Leider wird nicht jeder Person angemessene Beachtung geschenkt, auch wenn sie fachlich kompetent ist und gute Argumente bringt. Beispiel: Eine junge Wissenschaftlerin wird in einer Versammlung von (meist älteren, männlichen) Landwirten eher scheitern. Es ist enorm wichtig, eine Person zu finden, die gut zur Zielgruppe passt, oder sich selbst so gut wie möglich auf die Zielgruppe einzustellen.
2. **Positive zwischenmenschliche Ebene**: Das Vorhandensein oder der Aufbau einer **guten Beziehung** zum Gegenüber ist essenziell. Das gelingt durch Ähnlichkeit – aber auch generell durch glaubwürdiges Auftreten, Respekt und Ehrlichkeit. Es braucht Interesse und Empathie fürs Gegenüber. Daher sollten wir auch Fragen stellen und zuhören, Bedenken oder Sorgen ernst nehmen. Falls sich ein unangenehmer Disput entwickelt (oder absehbar ist), sollte man prüfen, ob beide Parteien (gerade) zu einer konstruktiven Klärung und Lösungsfindung bereit sind. Ein respektvoller Umgang ohne Vorwürfe etc. ist wichtig.

Es kann jedoch auch berechtigt sein, bewusst nicht in eine Auseinandersetzung zu gehen oder das Gespräch (vorerst) abzubrechen.

3. **Verständliche Informationen**: Wenn beim Gegenüber nicht genügend Vorwissen und/oder Handlungsmotivation vorhanden ist, muss ggf. zuerst ein angemessenes **Problembewusstsein** geschaffen werden, bevor sinnvoll über Maßnahmen gesprochen werden kann. Dazu ist eine angemessene Darstellung des Problems (z. B. Folgen und Ursachen des Klimawandels, soziale Ungerechtigkeiten, Artensterben) und der Dringlichkeit zum Handeln (z. B. schwindendes CO_2-Budget, Klimakipppunkte) angebracht. Dabei sollte das **sprachliche (und wissenschaftliche) Niveau** und die Komplexität je nach Zielgruppe (z. B. Bildungsstand) und Situation (z. B. mündliche Alltagskommunikation, WhatsApp-Chat vs. Vortrag oder Fachtext) angepasst werden. Eine Hürde in der Klimakommunikation besteht u. E. oft darin, komplexe, schriftlich formulierte Wissensinhalte in Alltagssprache und Kurzantworten zu übersetzen. Hier gibt es großen Bedarf! Wo immer möglich, sollten sprachliche Informationen außerdem durch Bilder, (leicht verständliche!) Grafiken, Videos u. Ä. ergänzt oder sogar ersetzt werden, da Menschen **visuelle Informationen** leichter aufnehmen und sich mehr emotional angesprochen fühlen.
4. **Storytelling**: Das menschliche Gehirn denkt in Geschichten. Abstrakte Informationen werden besser aufgenommen, wenn sie in **(persönliche) Geschichten** verpackt oder durch sie illustriert werden. Das wirkt nahbarer und erzeugt emotionale Aktivierung. Letztere muss gut dosiert werden: Ohne gefühlsmäßiges Erleben entsteht kaum Relevanz und Engagement, aber zu starke Emotionen und Stressgefühle lösen Abwehr und Vermeidung im Denken und (zwischenmenschlichen) Verhalten aus. Der Idealfall ist ein gutes **Mittelmaß an emotionaler Aktivierung**, welches konstruktives Denken und Handeln ermöglicht.
5. **Selbstwirksamkeit und positives Framing**: Wichtig ist, nie bei reinen Problemschilderungen stehen zu bleiben, um das Gegenüber nicht in Abwehrhaltung oder lähmende Hilflosigkeitsgefühle zu versetzen. So sollten stets auch **Handlungsmöglichkeiten und Lösungen**, **positive Entwicklungen beim Klimaschutz und gute Vorbilder** aufgezeigt werden. Gerade jetzt ist die Botschaft wichtig, dass es (mit entsprechender Anstrengung) noch schaffbar ist, den sozialökologischen Kollaps zu verhindern und die Klimawende zu meistern. **Wünschenswerte Zukunftsvisionen** können vermittelt oder gemeinsam erarbeitet werden, um diffuse Ängste vor dem Brechen mit Gewohnheiten in Lust auf Veränderung zu verwandeln. Es ist auch sinnvoll, über

Chancen, Verbesserungen und Vorteile durch Nachhaltigkeit, gelingenden Klimaschutz und mehr soziale Gerechtigkeit zu sprechen.

6. **Nutzen von „Gelegenheitsfenstern"**: Die Offenheit für (klimabezogene) Inhalte variiert. Beispielsweise können Extremwetterereignisse in den Nachrichten Chancen für Gespräche im Privaten oder auch Strukturveränderungen im Großen eröffnen. Beispiele: Kurz nach dem Unglück in Fukushima wurde der Atomausstieg beschlossen; während der Corona-Krise wurde recht schnell Homeoffice-Arbeit ermöglicht. In diesem Sinne sollten solche „Störungen" bzw. Gelegenheitsfenster („windows of opportunity") unbedingt genutzt werden, um angesichts festgefahrener Strukturen und „Systemträgheit" umzusteuern.
7. **Zuversicht und sozialer Rückhalt**: Oft wird die Zustimmung und **Handlungsbereitschaft zum Klimaschutz in der Bevölkerung unterschätzt**, was zu Resignation führt. Dieser Wahrnehmungsfehler sollte korrigiert werden, indem wir z. B. Umfrageergebnisse (Jenny et al., 2022) kommunizieren. Noch besser ist, wenn Menschen dies selbst im realen Kontakt erleben können. Daher sollte, wann immer möglich, konstruktiver Austausch in (Klein-)Gruppen stattfinden. Dies ändert die wahrgenommene **soziale Norm** und lässt Hoffnung schöpfen. Wenn Menschen sich dann für die sozialökologische Transformation engagieren wollen, sollten sie ihre **persönlichen Stärken einbringen** und sich mit **Spaß** am Prozess beteiligen können. Sowohl gegenseitige **Unterstützung** als auch ein konstruktiver Umgang mit (vermeintlichen) Fehlern sind hilfreich. Empfehlenswert sind Vernetzung, Erfahrungsaustausch und **Kooperation** mit anderen, ggf. auch ungewöhnlichen Akteur*innen. **Durchhaltevermögen** und das Setzen **realistischer Ziele** sind gefragt. Um die Motivation beim Engagement zu erhalten, sind **Erfolge zu teilen und Selbstwirksamkeitserfahrungen (für die Einzelperson oder als Gruppe)** wichtig.
8. **Bessere Rahmenbedingungen und positiver „CO_2-Handabdruck"**: Wenn permanent Werbung und Angebote für klimaschädliche Produkte (z. B. Billigfleisch, große Autos, Kreuzfahrten oder Flugreisen) auf Menschen einwirken, ist es unrealistisch, viele Millionen Einzelpersonen zu überzeugen, diese nicht zu nutzen. Auch äußere Bedingungen (Verfügbarkeit, Preisunterschiede etc.) legen derzeit oft klimaschädliche Entscheidungen nahe. Daher müssen **Alternativen attraktiver, verfügbarer und leichter** werden, z. B. öffentliche Verkehrsmittel, Strom aus erneuerbaren Energiequellen, nachhaltiges Reisen oder Bio-Lebensmittel. Menschen müssten durch klimafreundliche Angebote Zeit, Aufwand oder Geld sparen können. Die eigene Region, Stadt, Gemeinde oder das eigene Unternehmen bzw. auch Einzelpersonen sollten durch Klimaschutz

soziale Anerkennung oder andere Vorteile erlangen können. Darauf hinzuwirken, also den eigenen „CO_2-Handabdruck" zu vergrößern, geschieht z. B. mithilfe von Petitionen oder Demonstrationen. Auch Bürgerbegehren, Leserbriefe, Gegenrede bei Falschinformation oder Gespräche mit oder Mails an Politiker*innen sind gemeint. Es können auch Thementage und Projekte in Kommunen oder Unternehmen gestaltet werden.

9. **Berücksichtigung der aktuellen Einstellung zum Klimaschutz**: Einige Menschen sind **skeptisch/ablehnend** gegenüber Klimaschutz, arbeiten aber nicht aktiv dagegen. Gutsche (2024) empfiehlt, bei diesem Personenkreis respektvoll mit falschen Vorurteilen aufzuräumen, Vorteile aufzuzeigen, Motivationsfaktoren zu suchen, Bedenken ernst zu nehmen und Gemeinsamkeiten auszudrücken. Bei Klimagegner*innen, die **aktiv Widerstand** ausüben, kann nicht viel bewirkt werden, aber ihre Aussagen sollten nicht unwidersprochen im Raum stehen: Im Falle eines Schlagabtauschs vor Publikum sollten Falschaussagen nicht wiederholt, sondern die Fakten souverän und mit einfachen Worten benannt werden. Zahlenmäßig sind dies übrigens weniger Personen als oft angenommen. Menschen hingegen, die Klimaschutz gut finden, aber sich **noch nicht sonderlich engagieren**, benötigen Unterstützung, um vom Wissen ins Handeln zu kommen – z. B. durch wirksame, attraktive Beteiligungsangebote. Bereits **klimaschutz-engagierte** Menschen sollten einfach in ihrem Denken und Handeln bekräftigt werden. Gegenüber Menschen, denen Klimaschutz **egal** ist, sollten konkrete Berührungspunkte mit der Klimakrise/-wende gefunden und attraktive Handlungsmöglichkeiten aufgezeigt werden.
10. **Persönliche Bezüge und Zielgruppenorientierung**: Um die psychologische Distanz zur als abstrakt empfundenen Klimakrise zu überwinden, sollten **lokale und aktuelle bzw. persönliche Verbindungen** hergestellt werden. Es muss deutlich werden, wie sich das Problem konkret in der eigenen Umgebung auswirkt, und was es für die Menschen, die Natur oder Tiere, die man liebt, sowie die persönlichen Vorlieben und Hobbys bedeutet. Auch **Gesundheitsargumente** (z. B. Hitzeschutz, Herz-Kreislauf-Erkrankungen, Allergien, tropische Krankheiten, psychische Belastungsreaktionen usw.) sind nützlich. Generell ist ein Framing von „**Schützen, was wir lieben**" hilfreich (Marshall et al., 2023).

Fragen

- Welche der genannten Hinweise berücksichtigen Sie bereits in Ihrer eigenen Kommunikation?
- Was möchten Sie künftig stärker beachten?

3.3 Wertebasierte Klimakommunikation

Einer der zentralen Erfolgsfaktoren wirksamer Klimakommunikation ist Zielgruppen- bzw. Zielperson-Orientierung: Mit wem spreche ich? An wen wende ich mich? Was ist meinem Gegenüber wichtig und wertvoll? Zu welcher Gruppe/sozialen Norm fühlt sich die Person zugehörig? Mit welchen Schwierigkeiten bei sozialökologischen Veränderungen hat die Person oder Gruppe zu kämpfen? In welcher Sprache denkt und fühlt diese Person bzw. mein Publikum?

Zur Beantwortung dieser Fragen bietet die Psychologie eine Reihe von Theorien und Befunde, die helfen können, Überzeugungsarbeit zu leisten und Klimaschutz attraktiv werden zu lassen. Wir wollen Einblicke in einige der zentralen Ansätze geben. Dabei geht es nicht darum, mögliche Widersprüche der Modelle aufzudecken, sondern darum, herauszufinden, was in der Praxis am hilfreichsten ist. Ebenso wenig kann das Ziel sein, Menschen zu manipulieren – doch es ist sinnvoll, von den vielen Argumenten für Klimaengagement gezielt die passenden auszuwählen. Letztlich dienen all diese Konzepte demselben Ziel: ein tieferes Verständnis für das Gegenüber zu entwickeln – und Wege zu finden, es wirklich zu erreichen.

3.3.1 Moralische Grundsätze

Die Theorie der moralischen Grundlagen (Moral Foundations Theory) von Jonathan Haidt und Jesse Graham (2013) erklärt, warum Menschen moralische Fragen unterschiedlich bewerten.

Dieses Konzept geht davon aus, dass moralische Urteile auf fünf emotionalen Grundimpulsen beruhen. Diese wirken wie moralische „Sensoren", die bei jedem Menschen unterschiedlich stark ausgeprägt sind:

- **Fürsorge**: Empathie, Mitgefühl, Schutz vor Schaden.
- **Fairness**: Streben nach Gerechtigkeit und Gleichbehandlung.
- **Loyalität**: Bindung an Gruppen, Familie oder Nation.
- **Autorität**: Respekt vor Hierarchie und Tradition.
- **Reinheit**: Bedürfnis nach Unversehrtheit und Abwehr von Entwürdigung oder „Verunreinigung".

Diese moralischen Grundlagen erklären, warum Menschen Verhalten unterschiedlich bewerten – je nachdem, welche Werte bei ihnen dominieren. Diese Werte bieten eine moralische „Letztbegründung" wie z. B. „weil es unfair ist".

Für uns ist eine zentrale Erkenntnis dieses Modells, dass Überzeugungsarbeit vor allem dann funktioniert, wenn die richtigen moralischen Grundemotionen angesprochen werden. Es gibt nämlich keine universelle moralische Sprache, die bei allen gleichermaßen wirkt. Vielmehr zeigt sich, dass bestimmte moralische Prinzipien stärker mit bestimmten politischen und weltanschaulichen Ausrichtungen verbunden sind. So neigen Menschen mit einer eher liberalen Haltung dazu, Werte wie Fairness und Fürsorge besonders hochzuschätzen, während Menschen mit konservativen Werten oft Autorität, Loyalität und Reinheit als wichtiger empfinden (Graham et al., 2009).

Nun ist es aber bisher so, dass Klimakommunikation häufig mit moralischen Appellen an Fairness und Fürsorge argumentiert, z. B. „Es ist nur gerecht, dass der globale Norden als zentraler Emittent Verantwortung übernimmt". Doch das findet bei einem eher konservativen Publikum weniger Anklang; Appelle an Reinheit und Autorität passen besser, z. B. durch die Betonung der unberührten Natur, die durch menschlichen Einfluss be- und verschmutzt wird. So empfehlen auch Marketing-Expert*innen (Marshall et al., 2023) die Botschaft „Verschmutzung und Vergiftung bekämpfen" anstelle „Klimawandel bekämpfen".

► **Wichtig** Wer die Klimakrise mit einem moralischen Appell umrahmt, der den emotionalen Werten des Gegenübers entspricht, hat eine höhere Chance, seine Botschaft zu vermitteln und das Publikum zum Handeln zu bewegen (Hurst & Stern, 2020).

3.3.2 Werte-Kreis

Der vom Sozialpsychologen Shalom Schwartz (1992) entwickelte Wertekreis präsentiert universelle menschliche Werte und ist eines der meistgenutzten Modelle für die Verbindung von Werten und Klimakrise (Poortinga et al., 2019). Er beschreibt, welche grundlegenden 10 Wertegruppen Menschen weltweit teilen – und wie diese Werte zueinander in Beziehung stehen. Auch dieses Modell bietet eine wertvolle Orientierung, um Botschaften gezielt und wirksam zu gestalten.

Diese 10 Wertegruppen, die in Abb. 3.1 dargestellt sind, können danach kategorisiert werden, ob eher **Offenheit für Veränderung** oder **Wunsch nach Bestän-**

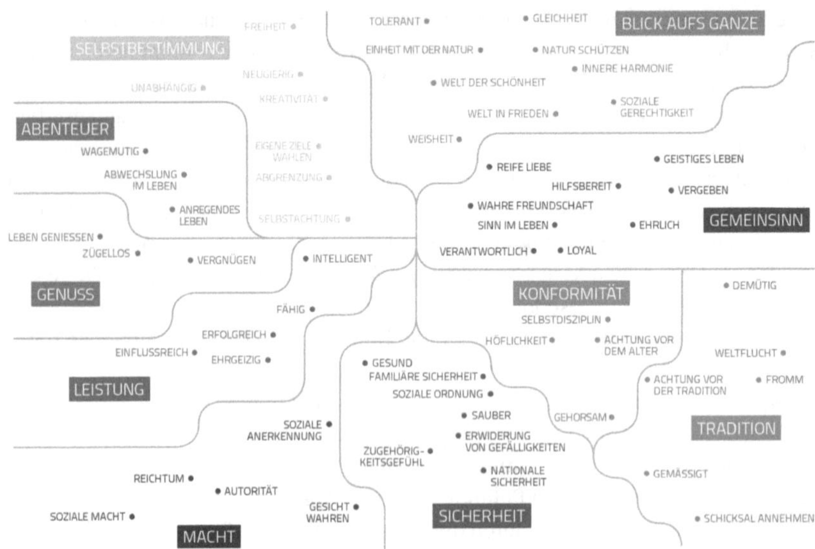

Abb. 3.1 Schwartz' Wertekreis. Grafik: CommonCauseHandbuch/diegemeinsamesache.org mit freundlicher Genehmigung von „*Klimafakten.de*"

digkeit besteht, sowie ob eher **Ich-Überschreitung** oder **Ich-Bezogenheit** vorherrscht: So stehen Ich-überschreitende Werte wie „Blick aufs Ganze" (d. h. Verständnis, Wertschätzung, Toleranz, Schutz der Natur und menschlichen Wohlergehens) und „Gemeinsinn" den Ich-bezogenen Werten wie „Leistung" (d. h. Erfolg, Ehrgeiz) und „Macht" (d. h. Status, Herrschaft, Kontrolle über Menschen und Ressourcen) gegenüber.

Im Alltag bedeutet das: Eine Person, die bereit ist, sehr viel zu arbeiten (Wert „Leistung") oder mit ihrer Karriere beschäftigt ist (Wert „Macht"), wird kaum über Argumente der Kategorie „Gemeinsinn" und „Blick aufs Ganze" erreichbar sein.

Wir können davon ausgehen, dass jeder Mensch alle Werte in sich trägt, jedoch in unterschiedlicher Ausprägung, denn dies wird stark durch gesellschaftliche Vorbilder, Umstände, Erwartungen und Angebote, auch im Kontext von Schule, Medien, Wirtschaft, Politik oder sozialen Bewegungen beeinflusst. Gute Klimakommunikation erkennt an, dass Menschen unterschiedliche Werteprioritäten haben – und dass diese bestimmen, wie sie auf Themen wie Nachhaltigkeit, Klimaschutz oder soziale Verantwortung reagieren.

> **Wichtig** Während einige Menschen stark auf **Ich-überschreitende** Botschaften bzgl. Gerechtigkeit, Verantwortung oder Schutz der Natur ansprechen, lassen sich andere eher durch **Ich-bezogene** Argumente wie Leistung, Innovation oder Sicherheit motivieren.

Erfolgreiche Kommunikation kann auch Brücken zwischen diesen Wertedimensionen schlagen, etwa indem sie Klimaschutz nicht nur als moralische Pflicht, sondern ebenso als Chance für Stabilität, wirtschaftliche Stärke oder gesellschaftlichen Fortschritt darstellt. Der Wertekreis hilft dabei, die **Sprache und Bilder so zu wählen, dass sie mit den zentralen Wertemustern der Zielgruppe in Resonanz treten**.

3.3.3 Soziale Milieus

Die „Sinus-Milieus" (Barth et al., 2018) stellen eines der bekanntesten Modelle in der modernen Sozialforschung dar. Das Konzept betrachtet Einkommen, Bildung, Einstellungen, Lebensziele und Alltagsorientierungen und gruppiert Menschen anhand von ähnlichen Lebensauffassungen, Werten und sozialer Lage. So entstehen Milieus wie z. B. das „Konservativ-Etablierte Milieu", welches auf Tradition und Leistung setzt, oder das „Expeditiv-Milieu", welches modern, individualistisch und technikaffin ist. Anhand der Dimensionen **Veränderungsbereitschaft** (von traditionell über modernisierungsbereit zu neuorientiert) und **Soziale Lage** (von Oberschicht über Mittelschicht zu Unterschicht) sind 10 Milieus einsortiert (siehe Abb. 3.2):

Für diese Milieus gibt es Handlungsempfehlungen zur zielgruppenorientierten Klimakommunikation entsprechend ihrer Haltung zum Klimaschutz. Gutsche (2024) bringt es auf den Punkt:

1. Das „konsum-hedonistische", das „nostalgisch-bürgerliche" und das „prekäre" Milieu blockieren die Klimawende am ehesten. Um diese Menschen zu gewinnen, muss die Klimawende wirtschaftlich robust sein, also **Wohlstand und Jobs** sichern, **einfach und gerecht** sein, bestenfalls **Spaß** machen.
2. Aktive Förderer der Klimawende sind vor allem Menschen aus dem sog. „neoökologischen", „expeditiven" und „postmateriellen" Milieu. Sie brauchen nicht noch mehr Motivierung zum Klimaschutz, sondern **Befähigung zu noch wirksamerem Handeln** – unseres Erachtens z. B. durch Vermittlung von Kommunikations-/Selbstfürsorge-Fähigkeiten, Rückenstärkung oder praktische Hilfe.

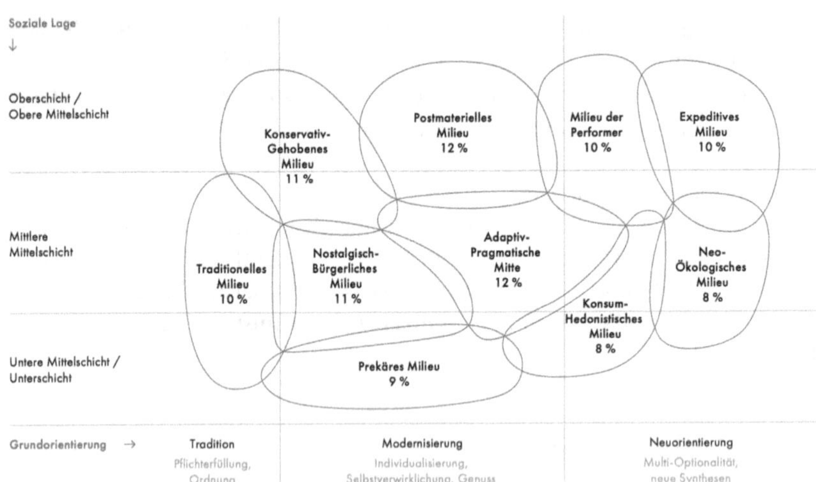

Abb. 3.2 Sinus-Milieus. Grafik: Prof. Reusswig

3. Die anderen vier Milieus sind bzgl. Klimawende eher neutral eingestellt. Für „Adaptiv-Pragmatische“ soll Klimaschutz **einfach umsetzbar** sein. „Konservativ-Gehobene“, wozu viele Entscheider*innen – also meist Männer – gehören, lassen sich über ihr **Elitebewusstsein** und **Verantwortungsgefühl** motivieren. Für „Traditionelle“ kann der Zugang zum Klimaschutz über die **Enkel** erreicht werden. „Performer“ sind **leistungs-/lösungsorientiert, modern und technikaffin**, was im ökologischen Sinn genutzt werden kann.
4. Allen Milieus ist wichtig, dass die Klimawende **sozial gerecht** und **finanzierbar** ist. Daher sollte es genau so sein – und entsprechend vermittelt werden.

3.3.4 Geschlechterunterschiede dieser Modelle

In einer Studie von Schwartz und Rubel (2005) wurde festgestellt, dass Männer im Schwartz-Wertekreis tendenziell mehr Wert auf die Bereiche „Leistung“, „Selbstbestimmung“, „Genuss“ und „Abenteuer“ legen. Frauen hingegen gewichten Werte wie „Blick aufs Ganze“, „Gemeinsinn“ und „Tradition“ höher. Aber Achtung: Es sind nur Tendenzen, keine klaren Gegenüberstellungen. Dennoch kann dies für den vorliegenden Einzelfall oder die Zielgruppe nun gezielter überlegt und berücksichtigt werden.

In Bezug auf die sog. „Sinus-Milieus" gibt es Indizien dafür, dass mehr Männer den Performer-, expeditiven und prekären Milieus zuzurechnen sind. Frauen hingegen scheinen stärker in sozialökologischen und traditionellen Milieus vertreten zu sein. Leider lässt sich hierfür noch keine explizite Forschung finden, lediglich plausible Indizien (Spiller, 2006).

Diese Erkenntnisse sind vor allem deshalb bedeutend, weil Führungskräfte und Entscheidungsträger*innen bis zu 80 % Männer sind und daher eher auf Argumente bzgl. „Leistung" und „Macht" ansprechen.

Für das Gelingen gesellschaftlichen Wandels muss nicht unbedingt eine Mehrheit der Bevölkerung überzeugt oder aktiv werden. Stattdessen zeigt die Forschung zu erfolgreichen Transformationen (Karig, 2024):

- Es muss eine kleine, engagierte Gruppe aus **mehreren „Säulen der Gesellschaft"** aktiv und über längere Zeit sichtbar sein.
- Diese Säulen sind Politik, Bürgerschaft, Medien, Musikszene, Intellektuellenszene, Polizei und Militär, Gesundheitswesen, Baubranche, Bildungsinstitutionen, Kirchen, Gewerkschaften, Justiz, Wirtschaft und große Marken.
- So können **positive soziale Kipppunkte** ausgelöst und Veränderung beschleunigt werden.

Männer spielen dabei als Themenbotschafter eine sehr wichtige Rolle.

Damit sind wir wieder beim zentralen Punkt: Mehr Orientierung auf die Zielgruppe „Männer" ist ein entscheidendes Erfolgskriterium für Nachhaltigkeits- und Klimakommunikation.

Fragen

- Denken Sie an eine zurückliegende oder anstehende Begegnung zum Thema Klimaschutz: Welche Werte vermuten Sie bei dieser Person oder Zielgruppe?
- Welche neuen Argumentations-Ideen sind beim Lesen entstanden?
- Was würden Sie anderen in der Klimakommunikation raten?

4 Wirksame Klimakommunikation – speziell für Männer

Die Erkenntnisse der vorangegangenen Kapitel wollen wir jetzt zusammenführen und betrachten die spezifischen Dynamiken der Klimakommunikation bei Männern. Wir vertiefen, welche Rolle Identität in der Klimakommunikation mit Männern spielt und zeigen auf, welche kurzfristigen Anpassungsstrategien helfen können, Männer stärker für Klimaschutz zu gewinnen.

4.1 Männliche Identität: Fehlende Passung mit „grünen“ Botschaften

Wie in Abschn. 2.3.3 eingeführt, orientieren sich Männer und Frauen an gesellschaftlich verankerten **Geschlechternormen**, die festlegen, welches Verhalten als angemessen gilt (vgl. hierfür „Theorie der Geschlechterrollenkongruenz“ von Eagly & Wood, 2012). **Rollenerwartungen** oder Geschlechtseigenschaften sind integraler **Bestandteil des eigenen Selbstkonzepts** (Fischer & Arnold, 1994). Menschen sind bemüht, sich rollenkonform zu verhalten, denn geschlechtskonformes Verhalten wird sozial belohnt, Abweichung hingegen bestraft (Diekman & Eagly, 2000).

Studien zeigen, dass Männer hiervon stärker betroffen sind: Sie erfahren stärkere negative Reaktionen und Strafen auf rolleninkongruentes Verhalten als Frauen (Bosson & Michniewicz, 2013; Brough et al., 2016). Sie werden als „unmännlich“ oder „schwul“ diskreditiert (Hunt et al., 2016). Außerdem erleiden Männer einen größeren psychologischen Schaden durch diese Sanktionen (Aubé & Koestner, 1992).

B. Siebauer, C. Nennewitz, *MÄNNER. MACHT. KLIMASCHUTZ!*, essentials, https://doi.org/10.1007/978-3-658-50968-2_4

Männer erfahren also Druck, möglichst „männlich" und wenig „weiblich" zu sein. Diese Dynamik hat direkte Folgen auf den Umwelt- und Klimaschutz, denn diese Themen gelten kulturell als Ausdruck von Fürsorglichkeit und Verantwortungsbewusstsein – Eigenschaften, die traditionell dem weiblichen Rollenbild zugeschrieben werden (Diekman & Eagly, 2000; Eagly & Wood, 2012; Vázquez et al., 2021).

> **Wichtig** Die Forschung zeigt, dass **„grünes" Verhalten kognitiv mit Weiblichkeit verknüpft ist** (Brough et al., 2016) und „Going green" von einer Mehrheit der Erwachsenen als eher feminin wahrgenommen wird (Bennett & Williams, 2011).

Für Männer folgt daraus eine **Bedrohung der eigenen Identität**: Wer sich für Klimaschutz engagiert, läuft Gefahr, als geschlechtsabweichend wahrgenommen zu werden (Swim et al., 2018).

Klimakommunikation bei Männern ist Identitätskommunikation. Um wirksam zu sein, muss sie berücksichtigen, dass:

- ökologische Themen in der kulturellen Wahrnehmung mit Weiblichkeit verbunden sind und dadurch Abwertung erfahren
- Männer, die diese Themen aufgreifen, unbewusst oder bewusst eine Bedrohung ihrer männlichen Identität empfinden können

Erfolgreiche Ansätze können dort anknüpfen, indem sie:

- Klimaschutz nicht „weiblich" darstellen, also von geschlechtlichen Zuschreibungen entkoppeln
- Männern Wege aufzeigen und anbieten, damit sie klimafreundliches Verhalten mit einem positiven männlichen Selbstbild verbinden können

Ein anschauliches **Beispiel** für die ungünstige Verknüpfung von Geschlecht, sozialer Erwartung und Klimaverschmutzung lässt sich im Bereich des Fleischkonsums beobachten. In westlichen Gesellschaften gilt **Fleisch traditionell als Symbol für Macht, Wohlstand und Männlichkeit** (Stoll-Kleemann & Schmidt,

2017). Solange Fleischverzehr mit Stärke, Durchsetzungsfähigkeit, Männlichkeit und sozialem Status assoziiert wird, entscheiden sich Männer ggf. gegen fleischarme Ernährung, um nicht gegen normative Männlichkeits-Vorstellungen zu verstoßen und um mögliche soziale Sanktionierung zu vermeiden. Zudem wird Fleisch-Konsum von einigen mächtigen Männern exzessiv beworben.

Diese Dynamik zeigt, dass Ernährungs-Entscheidungen weniger von individuellem Wissen über Nachhaltigkeit oder Gesundheit, sondern stärker von Gruppennormen und **Bedürfnis nach sozialer Akzeptanz** beeinflusst werden – und natürlich von Gewohnheit. Neue kulturelle Narrative, „grüne Männlichkeiten", in denen Status und Identität unter anderem nicht länger über Fleischkonsum definiert werden, könnten die Dynamik verändern. Und das wäre sehr sinnvoll, denn die Viehwirtschaft, v. a. die Rinderzucht, treibt die Erderwärmung mit an. Ein Großteil der Entwaldung dient der Produktion von Tierfutter; rund ein Drittel des Biodiversitätsverlusts ist hierauf zurückzuführen. Die für Tierfutter verbrauchten Ackerflächen könnten vier Milliarden Menschen direkt ernähren (Stoll-Kleemann & Schmidt, 2017).

Fragen

- Formulieren Sie doch einmal mit Ihren Worten: Warum sprechen Männer auf die übliche Klimakommunikation weniger gut an?
- Was wussten oder ahnten Sie bereits?

4.2 Zeitdruck und Realität: Anpassungsstrategien für das Hier und Jetzt

Auch wenn ein genereller Wandel hin zu mehr Verbindung mit und Verantwortung für Mensch und Natur wünschenswert wäre, gilt es, angesichts des knappen verbleibenden CO_2-Emissionsbudgets und der drohenden Kipppunkte, im Klimasystem keine Zeit zu verlieren. Wir müssen Strategien entwickeln, die unter den gegebenen gesellschaftlichen Bedingungen – insbesondere den bestehenden Männlichkeitsnormen – kurzfristig wirksam sind.

► **Wichtig** Männer reagieren offener auf klimafreundliche Botschaften, wenn ihre männliche Identität nicht bedroht ist (Brough et al., 2016; Gal & Wilkie, 2010). Ebenso steigt die Akzeptanz, wenn die Assoziation von Umweltfreundlichkeit und Weiblichkeit gesenkt wird – etwa durch maskulines Framing oder Branding.

Wir sollten also Kommunikationsansätze wählen, die jetzt funktionieren, auch wenn sie auf bestehenden Geschlechternormen aufbauen, diese teilweise verstärken oder sich ethisch ambivalent anfühlen mögen.

Strategien, welche die Wirksamkeit für die Zielgruppe Männer erhöhen, sind

- Wirksamere Botschafter (männliche Rollenvorbilder) gewinnen
- Nonverbale Kommunikation beachten
- Äußere Erscheinung optimieren
- Innere Haltung von Verständnis pflegen und Blick auf die Stärken richten
- Passende Frames und Botschaften nutzen
- Umgang mit Emotionen reflektieren

Im Folgenden wird dies näher erläutert.

4.2.1 Wirksame Botschafter

Es braucht **mehr männliche Themenbotschafter** für effektiven Umwelt-/Klimaschutz. Denn: Männer hören anderen Männern besser zu und ihre Ideen und Vorschläge werden ernster genommen. Männern wird insbesondere von anderen Männern mehr Autorität zugestanden, während Frauen mehr infrage gestellt werden. Männer mit hohem öffentlichen Ansehen können zudem weniger beachteten Stimmen von Frauen und anderen Personen Redezeit und Gehör verschaffen (Herr & Speer, 2025).

Männer können für andere **Männer als positive Vorbilder** fungieren. Sie sollten zum Thema aufklären, Erfolge erzählen und Vorteile aufzeigen. Da Menschen persönliche Geschichten lieben, sollten Erfahrungsberichte des Gelingens und Best-Practices von Männern für Männer gesammelt und aufgezeigt werden.

Sinnvollerweise sollten Männer selbst mehr in die Erarbeitung einer Kommunikationsstrategie oder **Projektentwicklung einbezogen** werden, z. B. zu ihren Ideen für einen günstigen (Männer ansprechenden) Titel und Inhalt für eine Veranstaltung, Projektreihe, Buch, Artikel, Video, Film o. ä.

Herr und Speer (2025) sind sicher: Männer sind wichtige Brückenbauer zu anderen Männern – in den **mittleren und höheren Führungspositionen**, aber auch sonst. Sie können konkrete Dinge im Alltag ändern und damit Zeichen setzen. Provokant gefragt: Wenn sich selbst Männer in mittleren Führungspositionen nicht trauen, für Wandel einzutreten, weil der Führungs-Mann über ihm nicht begeistert wäre, wer soll es denn dann machen? Nützlich ist die Korrektur der Fehleinschätzung, dass „die anderen" (Männer) beim Thema Klimaschutz nicht mitziehen würden. Das heißt, überzeugend wäre es zu zeigen, wie groß die **Zustimmung** und Handlungsbereitschaft zu Klimaschutz bei „den anderen" (Männern) ist (Studienergebnisse, aber auch regional, im eigenen Unternehmen, Verein oder privatem Umfeld) nach dem Motto: Du bist nicht allein.

Eine besondere Wirkmacht als Themenbotschafter bei Männern können auch „besonders männliche" Männer erfüllen – also solche, die die derzeitige Männlichkeitsnorm stark erfüllen bzw. aus Bereichen, die für viele Männer attraktiv sind: **Sport** (v. a. Fußball, Kraftsport), **Outdoor- oder Survival-Branche**, **Feuerwehr**, **THW** (Technisches Hilfswerk) oder **Musikgeschäft**. Gerade konservative Männer sprechen auch auf das **Militär** als vertrauenswürdige, männliche und patriotische Instanz an. Klimawandel als Bedrohung der nationalen Sicherheit (mehr dazu in Abschn. 4.2.3 Framing) erhöht die Besorgnis bei Männern (Motta et al., 2021).

Auch die **Popkultur** spielt eine entscheidende Rolle. Filme, Serien, Werbung und Influencer*innen prägen, was als attraktiv, erfolgreich und erstrebenswert gilt. Wenn in diesen medialen Räumen neue, nachhaltige Männlichkeitsbilder entstehen – Helden, die Verantwortung übernehmen, Ressourcen schützen und Innovation vorantreiben –, kann sich langfristig die gesellschaftliche Wahrnehmung von Klimaschutz verändern.

Gefragt sind auch **prominente Männer**. So sprach z. B. Papst Franziskus über Klima-Ethik und -Gerechtigkeit und hatte damit positiven Impact (Maibach, 2015). Genauso ist es mit Fürsprache bzgl. klimafreundlicher Ernährung durch Arnold Schwarzenegger oder Paul McCartney (Stoll-Kleemann & Schmidt, 2017).

Neu engagierte Klima-Botschafter sollten sich gut vernetzen bzw. bei der **Vernetzung** unterstützt werden. Neben Wissen über Klima-Basisfakten und Klimaschutz-Maßnahmen sollten sie zudem bzgl. Strategien wirksamer **Klimakommunikation weitergebildet** werden, Gesprächsführungs-/Argumentationstrainings erhalten und Antworten auf häufige Fragen oder Einwände einüben. Das gilt für sämtliche Engagierte, aber ein solches „Männer-Empowerment" ist auf dem Hintergrund dessen sehr relevant, dass Männer sich besonders ungern hilflos, überfordert und unsicher fühlen und v. a. keine Schwäche zeigen wollen oder sollen. Mit den Worten von van Tricht (2019): Wir sollten Männern Verantwortung übertragen und mehr Sicherheit geben. Konkrete Handlungsmöglichkeiten und Aufgaben zu zeigen, stärkt auch das Selbstwirksamkeitsgefühl.

Fragen

- Welche positiven, männlichen Klima-Themen-Botschafter fallen Ihnen ein? Was macht diese aus?
- Entsteht bei Ihnen eine Idee für neue, hilfreiche Verbündete?

4.2.2 Nonverbale Kommunikation

Kommunikation geht weit über das Gesagte und Geschriebene hinaus, sondern es wirken stets auch nicht-sprachliche, teils subtile Signale. Erinnern wir uns an die Befunde von Brough et al. (2016), dass „grünes" Verhalten und „grüne" Produkte von Männern eher gemieden werden – insbesondere dann, wenn sie ihre Männlichkeit dadurch bedroht sehen. Wird ein nachhaltiges Verhalten oder Produkt hingegen **maskulin „verpackt"**, sinkt diese Abwehrhaltung deutlich.

> **Wichtig** In einem ihrer Experimente konnten die Versuchspersonen an zwei inhaltsgleich beschriebene Organisationen spenden. Männer wählten signifikant häufiger **„Wilderness Rangers", mit dunklem Wolf-Logo und kantiger Typografie** als „Friends of Nature", mit hellgrünem Baum-Logo und verspielter Schrift.

Dieses scheinbar triviale Ergebnis verdeutlicht, dass selbst subtile Gestaltungselemente wie **Farben, Formen, Symbole oder Bildsprache** die Wahrnehmung und das Verhalten beeinflussen können (vgl. auch Gal & Wilkie, 2010). Übrigens schafft auch **Musik** Emotionen und sollte zur Zielgruppe passend gewählt werden.

Doch bisher ist das **Marketing** vieler Produkte auf Frauen ausgerichtet, da sie als kaufkräftigere und damit relevantere Zielgruppe gelten (Bennett & Williams, 2011), zumal Frauen tatsächlich mehr auf Nachhaltigkeit achten. Produkte werden entsprechend designt und bestehende Geschlechterstereotype weiter verstärkt.

Das gilt es zu ändern. Klimafreundliche Produkte und Verhaltensweisen können auch **als Ausdruck von Kompetenz, Weitsicht oder Status inszeniert** werden. Wenn Nachhaltigkeit nicht länger als Verzicht, sondern **als Überlegenheit oder Kontrolle über Ressourcen** dargestellt wird, werden neue Zielgruppen angesprochen und gesellschaftlich breiter verankert.

Auch **Erlebnisse in der Natur und Wildnis** sind ein großer Hebel. Nach Fleischer (2019, in Franz & Karger) ist es für viele Männer attraktiv, gemeinsam **etwas zu *machen*** **und Abenteuer** zu erleben. Folglich sind für Jungen und Männer **spielerische Aktivitäten, Outdoor-Erlebnisse und sportliche Angebote** ein niedrigschwelliger Einstieg für sozial-ökologisches Engagement (als z. B. explizite Gesprächsrunden). Geredet wird „nebenbei“.

Fragen

- Welche nonverbalen Aspekte, die auf Männlichkeitsnormen passen, fallen Ihnen im Alltag auf?
- Was könnten Sie in Ihrem nächsten Projekt diesbezüglich mehr beachten?

4.2.3 Äußere Erscheinung

Auch Äußerlichkeiten fungieren als Kommunikationsmittel. Sie wirken einerseits als *periphere Hinweisreize* im Sinne des *Elaboration-Likelihood-Modells* (Petty & Cacioppo, 1986): Wenn Menschen zu einem Thema keine tiefe inhaltliche Auseinandersetzung anstreben, orientieren sie sich an äußeren Merkmalen wie Kleidung, Haltung oder Auftreten. Ein seriöses, situationsgerechtes Erscheinungsbild kann daher Glaubwürdigkeit und Akzeptanz erhöhen. Andererseits beeinflusst wahrgenommene Ähnlichkeit die Sympathie – und damit ebenfalls die Aufnahme einer Botschaft.

Die äußere Erscheinung prägt maßgeblich die **Wahrnehmung von Kompetenz und Seriosität**. Studien zeigen, dass insbesondere Frauen stärker über Kleidung und Auftreten bewertet werden als Männer. Sie müssen dabei zwischen professioneller Wirkung und sozialer Sympathie balancieren – ein Spannungsfeld, das die *Role Congruity Theory* (Eagly & Karau, 2002) beschreibt. Demnach wird ein zu feminin konnotiertes Erscheinungsbild häufig als weniger kompetent, ein zu sachliches hingegen als unsympathisch wahrgenommen (*Beauty is beastly*-Effekt, Heilman & Saruwatari, 1979).

Die Wirkung von Argumenten kann durch das Aktivieren von weiblichen Geschlechterklischees beeinträchtigt werden. Um weniger sexualisiert und ernster genommen zu werden, ist der Verzicht auf sehr figurbetonte Kleidung, Rock oder Kleid, tiefen Ausschnitt, starkes Make-up, High-Heels und offen getragene lange Haare ratsam.

Für Männer spielt die Frage der Kleidung deutlich weniger eine Rolle. Doch die **eigene äußere Erscheinung** sollte **an das jeweilige Gegenüber und den Kommunikationskontext angepasst** sein. In formellen Umfeldern – etwa im Gespräch mit einer Geschäftsführung – wird ein gepflegtes, klassisch-männliches und professionelles Auftreten meist als glaubwürdiger und anschlussfähiger wahrgenommen als ein informeller Stil mit lässigem T-Shirt oder Kapuzenpullover.

Fragen

- Wie bewusst waren Ihnen diese Dinge bisher?
- Was würden Sie jetzt in Bezug auf Äußerlichkeiten überdenken und verändern?

4.2.4 Innere Haltung: Verständnis und Blick auf Stärken

Vielleicht fällt es dem einen oder der anderen schwer, Verständnis oder Mitgefühl für die in Kap. 1 und 2 beschriebenen „gender gaps" aufzubringen. Ein **wertschätzender Blick auf Männlichkeit** kann jedoch helfen, Brücken zu schlagen – insbesondere zu Männern, die sich stark mit traditionellen Männlichkeitsnormen identifizieren. Die folgenden Gedanken sollen unterstützen, eine positive innere Haltung für Klimagespräche mit Männern zu fördern.

Ganz praktisch gesehen werden tatsächlich auch **„starke" Männer** gebraucht, die „nicht zimperlich sind", z. B. wenn es darum geht, Holzhäuser zu bauen und Windräder zu errichten. Um Solaranlagen oder neue Heizungsanlagen zu installieren, technisch zu verstehen und zu betreiben, können und sollten (erlernter) **männlich-technischer Sachverstand** und **handwerkliche Fähigkeiten** gewürdigt werden. Auch könnte Männern als **Entdeckern** und **Tüftlern** (für die Energie-/Wärme-/Verkehrswende) mehr Sichtbarkeit verschafft werden.

Die Werte einer Zielgruppe zu verstehen, hilft nicht nur, sie wirkungsvoll anzusprechen, sondern auch, echtes Verständnis für sie zu entwickeln (vgl. Abschn. 3.3). Gerade in Führungspositionen, die überwiegend von Männern besetzt sind, prägen leistungs- und machtorientierte Werte Entscheidungsprozesse – oft zum Nachteil kollektiver oder ökologischer Interessen. Um dennoch in einen konstruktiven und lösungsorientierten Dialog zu treten, sind Empathie und Verständnis nützlich. Hilfreich ist, sich immer wieder bewusst zu machen, dass männliche Sozialisation, Berufsstrukturen, das kapitalistisch-konkurrenzorientierte Wirtschaftssystem und gesellschaftliche Rollenerwartungen – auch von Frauen an Jungen oder Männer – Verhalten langfristig formen und beeinflussen.

Letztlich gilt: Auch „sehr männliche" Männer besitzen vielfältige soziale und fürsorgliche Seiten. Diese sichtbar zu machen und anzusprechen, eröffnet neue Wege, Männer als aktive Mitgestalter einer nachhaltigen Zukunft zu gewinnen.

Fragen

- Wie viel Empathie hatten Sie im Kontext von Klimaschutz-Angelegenheiten für (einige) Männer in letzter Zeit?
- Wäre es besser, Ihrerseits mehr Verständnis aufzubringen – oder weniger?

4.2.5 Frames und Botschaften

Es ist entscheidend, wie Botschaften formuliert werden. „**Framing**" bezeichnet die bewusste Rahmung von Themen durch Sprache und Bilder, die bestimmte Interpretationen begünstigen und Emotionen aktivieren. In der Klimakommunikation bedeutet das, Klimaschutz so zu präsentieren, dass er mit bestehenden Werten und Selbstbildern der Zielgruppe – hier: der männlichen Identität – im Einklang steht.

Im zweiten Kapitel wurden männliche Geschlechterstereotype thematisiert. Diese können – kritisch reflektiert – als Ansatzpunkte dienen, um Männer kommunikativ gezielter zu erreichen. Auch Herr und Speer (2025) nutzen solch **sprachliche Bilder**: „Jeder Führungskraft kommt eine wichtige Rolle zu – sie kann entweder Bremsblock für Veränderung sein oder die Handbremse lösen und zum effektiven Beschleuniger für den Wandel werden." Derartige Metaphern greifen auf „männliche" Bereiche wie (Fahrzeug-)Technik und Leistung zurück.

Frames, die im Einklang mit dem Männlichkeitsideal stehen, können sein:

- Sicherheit, Schutz und Verantwortung
- Freiheit, Stärke und Status
- Technik und Kompetenz
- Handlungsstärke und Rationalität
- Wettbewerb, Problemlösung und Wirtschaft

Schauen wir uns das genauer an:

Botschaften, die Klimaschutz als Frage nationaler oder persönlicher **Sicherheit** darstellen, resonieren stark mit männlichen Identitätsbildern (Motta et al., 2021).

Sie appellieren an das Selbstverständnis als **Beschützer** von Familie, Heimat und Zukunft. Auch die Betonung der Vaterrolle kann wirksam sein: „Übernimm **Verantwortung** für die Zukunft deiner Kinder" oder „Wehr dich gegen die fossile Lobby". Solche Frames stärken persönliche Relevanz und intrinsische Motivation. Männer sollten dabei verstärkt erkennen, dass die Klimakrise ihr direktes Umfeld betrifft – Gesundheit, Besitz, Familie, Hobbys – also das, was sie schützen wollen.

Oft wird Klimaschutz als Einschränkung von Freiheiten dargestellt, doch tatsächlich ist er Voraussetzung für individuelle und gesellschaftliche **Freiheit**: Nur wer Ressourcen schützt, sichert langfristige Selbstbestimmung. Entsprechend lassen sich Autonomie, **Stärke** und **Unabhängigkeit** kommunikativ betonen, z. B. „Befreie dich von fossiler Abhängigkeit", „Verteidige deine Interessen und die deiner Familie", „Hol dir dein gaspreis-unabhängiges Heizsystem" oder „Werde autark mit eigener Solaranlage und Speicher". Unternehmen wie Tesla nutzen solche Frames erfolgreich, indem sie ökologische Verantwortung mit **Status**, Risiko und Selbstvertrauen verknüpfen.

Eine Verknüpfung mit **Handlungsstärke, Mut und Durchsetzungsfähigkeit** spricht männliche Identitätsmuster an. **Kontrolle, Rationalität und strategisches Denken** könnte mehr betont werden – statt Schuld oder Verzicht. Die Botschaft könnte sein: Klimaschutz ist eine Aufgabe für **entschlossene Männer und „Macher"**, die handeln, wenn es darauf ankommt.

Technik ist für viele Männer ein vertrautes Thema und möglicher Zugang zu Klimathemen. Gespräche über E-Autos, Solaranlagen oder Wärmepumpen schaffen sachliche, **lösungsorientierte** Kommunikationsräume. Studien zeigen, dass viele Männer eher auf faktenbasierte, handlungsorientierte Argumentationen reagieren (Zimmermann in Franz & Karger, 2019; Herr & Speer, 2025). Auch in den sozialen Medien reagieren Männer stärker auf wissenschaftlich fundierte Inhalte (Holmberg & Hellsten, 2015; Vivi & Hermans, 2022). Klimaschutz kann sich so als technische Herausforderung statt als moralische Pflicht präsentieren. Argumente in Richtung **Effizienz** und **Fortschritt** schaffen Glaubwürdigkeit und stärken das Gefühl rationaler Kontrolle. Auch **Kompetenz**, Ingenieurskunst und Erfindergeist spricht viele Männer an.

Etliche Männer definieren sich auch über **Leistung** und **Wettbewerb**. Klimaschutz kann deshalb als Feld des Fortschritts und der **Innovation** geframt werden – etwa durch Wettbewerbe oder **Rankings** zu klimafreundlichsten Unternehmen oder Städten. Im Unternehmenskontext wirken Botschaften besonders, wenn sie **wirtschaftliche Vorteile**, Effizienzsteigerung und Führungsstärke betonen. So wird Klimaschutz zu einer Bühne für Tatkraft, Strategie und Durchhaltevermögen.

Auch männlicher „**Sportsgeist**“, Ehrgeiz und die Fähigkeit, Rückschläge als Antrieb zum Weitermachen und Optimieren zu verstehen, kann wertgeschätzt und genutzt werden. Das Gefühl von **Stolz**, Teil der Lösung zu sein, und **Erfolge** sind sehr motivierend.

Fragen

- Wie können Sie Männer in ihren Rollen als Vater, Onkel, Großvater, Ehemann oder Partner gezielter in Ihrer Kommunikation ansprechen?
- Welche Framings wollen Sie ausprobieren?

4.2.6 Sprachliche Hürden

Bekannt ist die Strategie von Arnold Schwarzenegger, der als Gouverneur von Kalifornien empfohlen hat, das **Reizwort „Klima“** lieber gar nicht erst zu erwähnen (Stöcker, 2024).

Und obwohl uns sehr bewusst ist, dass es mehr Geschlechtergerechtigkeit braucht (siehe Kap. 6), empfehlen wir pragmatisch: Wenn Klimaschutz bereits ein heikles Thema für ein männliches Publikum oder Gegenüber ist, sollte bei dieser Gelegenheit besser darauf verzichten werden, noch Begriffe wie „Feminismus“ oder „Patriarchat“ ins Spiel zu bringen. Diese könnten zusätzlichen Widerstand hervorrufen, weil es oft falsche Assoziationen auslöst oder weil das Problem mangelnder Geschlechtergerechtigkeit für viele Männer schwer zugänglich ist, da sie es selbst nicht erleben (vgl. Herr & Speer, 2025). Auch Ängste, Unsicherheiten oder Anspruchsdenken können eine Rolle spielen. Es hilft, weniger kontroverse und emotional aufgeladene Begriffe zu verwenden – etwa „Gleichberechtigung“ oder „Chancengleichheit“ (statt „Feminismus“) oder „Hierarchiegefälle“ (statt „Patriarchat)“.

Auch gendergerechte Sprache, die in sozialökologischen Kontexten üblich ist, stößt bei Teilen der Bevölkerung und männlichen Zielgruppen öfters auf Ablehnung. Studien zeigen, dass Formen wie Genderstern („Liebe Leser*innen“) oder Doppelpunkt („Leser:innen“), also Schreiben oder Sprechen mit „Mini-Lücke“, sowie ungewohnte Partizipformen („Lesende“) Irritation und Distanz auslösen können. Um Akzeptanz und Aufmerksamkeit nicht zu verlieren, empfiehlt sich eine pragmatische Herangehensweise: die **einfache Beidnennung** („Leserinnen und Leser“), neutrale Formen („Liebes Publikum“, „Hallo an alle“) oder schriftlich

gewohnte Formen („Leser-/innen“). In manchen Situationen kann es sogar klüger sein, auf explizites Gendern zu verzichten. Ein bewusster, situationsangemessener Einsatz und Flexibilität in der Sprache (Olderdissen, 2022) erhöht die kommunikative Wirksamkeit.

Fragen

- Wie geht es Ihnen mit diesen Befunden und Vorschlägen?
- Wie kompromissbereit wollen oder können Sie sein?

4.2.7 Umgang mit Emotionen

Traditionelle Männlichkeitsnormen haben dazu geführt, dass Jungen und Männer oft verlernen, konstruktiv mit Gefühlen umzugehen. Diese **emotionale Distanz** kann mitverantwortlich sein, dass sich viele Männer weniger im Klimaschutz engagieren. Da von „echten Kerlen“ erwartet wird, Emotionen zu unterdrücken, werden typische klimabezogene, negative Gefühle wie Angst, Sorge, Überforderung, Scham oder Schuld häufig abgewehrt – etwa durch Aggression, Vermeidung, Bagatellisierung, Verbreiten von Verzögerungsargumenten oder durch Rationalisierung, also z. B. das Betonen von Schwächen von Studien oder das Verweisen auf technische Probleme („noch nicht ausgereift“). In der Kommunikation mit Männern kann es daher sinnvoll sein, emotionale Begriffe oder überhaupt das Wort „Gefühle“, z. B. im Titel einer Veranstaltung oder eines Buches, zu vermeiden und stattdessen ressourcenorientiert an Selbstwirksamkeit und Kompetenz anzuknüpfen.

Ebenso kann das sogenannte „Mansplaining“, d. h. ein Mann erklärt einer Person, z. B. einer Frau, was sie schon weiß, Ausdruck des Bedürfnisses sein, Intelligenz und **Überlegenheit** zu demonstrieren – beides nachvollziehbar im Rahmen der traditionellen Männlichkeitsnorm.

Auch **Verunsicherung** spielt eine Rolle: Der Klimawandel ist komplex, nicht exakt kalkulierbar und konfrontiert mit **Nicht-Wissen** – Zustände, die als „unmännlich“ gelten. Umso wichtiger ist es, zu Beginn von Veranstaltungen oder Diskussionen Unsicherheit zu normalisieren und Offenheit für Unfertiges zu fördern. Vielleicht bestehen auch konkrete **Ängste** – etwa vor Veränderung, Kontrollverlust, finanziellen Risiken oder davor, dass die neue Technik nicht zuverlässig funktioniert. Diese sollten ernst genommen und in einem vertrauensvollen Rahmen besprechbar gemacht werden.

Schließlich ist zu berücksichtigen, dass manche Männer eine tiefe **emotionale Bindung an Verbrenner-Autos** haben – genährt durch Sozialisation, Medienbilder und persönliche Erfahrungen. Ein Abschied vom Verbrennungsmotor erfordert daher nicht nur rationale Argumente, sondern auch emotionale Verarbeitung im Sinne eines „Trauerprozesses" – und attraktive Alternativen.

Fragen

- Zum Umgang mit unangenehmen Gefühlen: Welche Strategie können Sie sich vorstellen, um weniger Abwehr und mehr Offenheit zu erzeugen?
- Welche Strategien fehlen Ihnen hier?

Zeitnah hilfreiche Veränderungen 5

Anders als in Kap. 4 geht es in diesem Kapitel nicht darum, die eigene Kommunikation an männliche Besonderheiten anzupassen oder Männer kommunikativ zu schonen. Im Mittelpunkt steht vielmehr, wie im Gesprächskontext klar und sensibel auf problematische Verhaltensweisen – etwa Dominanz, Unterbrechungen oder Abwertungen – reagiert werden kann. Darüber hinaus werden auch „Härtefälle" betrachtet – mächtige „Männer, die die Welt verbrennen" im Sinne von Stöcker (2024) – sowie juristische Wege diskutiert, um klare ökologische Normen zu etablieren. Damit wird eine mittelfristige Veränderung der gesellschaftlichen und politischen Rahmenbedingungen angestrebt.

5.1 Tipps für Gespräche mit dominant auftretenden Männern

In Gesprächen mit Führungspersonen aus Politik, Wirtschaft oder Verwaltung begegnet man häufig dem Typus „Alphamann" (Herr & Speer, 2025): selbstbewusst, ruhig, mit klarer Körpersprache und hohem Redeanteil. Er beansprucht Führung, Deutungshoheit und Anerkennung und erhält meist Respekt und Zustimmung – besonders von anderen Männern.

B. Siebauer, C. Nennewitz, *MÄNNER. MACHT. KLIMASCHUTZ!*, essentials, https://doi.org/10.1007/978-3-658-50968-2_5

Der Einfluss selbstbewusster Männer beruht teils auf **Wahrnehmungsverzerrungen**:

- Selbstbewussten Männern wird automatisch **Kompetenz** zugeschrieben (Autoritätsverzerrung).
- **Überzeugt vorgetragene Aussagen** wirken glaubwürdiger (Confidence Bias).
- **Status oder Charisma** überstrahlen die sachliche Bewertung (Halo-Effekt).
- **Wiederholte Aussagen** erscheinen mit der Zeit glaubwürdiger (Illusion of Truth Effect).

Dadurch können selbst falsche Behauptungen überzeugend wirken.

Herr und Speer (2025) beschreiben häufige, problematische Verhaltensweisen: Frauen oder jüngere Männer werden **unterbrochen, übertönt oder nicht ernst genommen**, ihre Beiträge **abgewertet** oder ignoriert. Oft treten **subtile Formen „symbolischer Gewalt“** bzw. „Mikroaggressionen“ auf – etwa spöttische Kommentare oder abwertende Blicke. Dadurch finden z. B. Frauen weniger Gehör.

Im beruflichen Alltag zeigen sich auch **ungleiche Anerkennung**, **geschlechtsspezifische Wahrnehmung von Humor** und **hierarchische Anrede** (Frauen häufiger mit Vornamen oder ohne Titel). Dann stehen Frauen vor einem Dilemma: Fehlverhalten anzusprechen gilt als unprofessionell, Schweigen als Zustimmung. Viele vermeiden daher Konfrontation, um Statusverluste zu verhindern.

Die eben beschriebenen Kommunikationsmuster beeinträchtigen die Selbst- und Mitbestimmung „unterlegener“ Personen und die Qualität gemeinsamer Entscheidungen, auch in klimapolitischen Kontexten. Solche Muster zu (er-)kennen, hilft, ihnen konstruktiv zu begegnen. Im Sinne unserer Empathie sollte dominantes Verhalten als kulturell erlernt und kontextabhängig verstanden werden, nicht als persönliches Defizit.

Ein nützliches Modell ist der „Kiesler-Kreis“, welcher wechselseitige Effekte verdeutlicht: Aggression ruft Gegenaggression hervor; Freundlichkeit wird erwidert; Dominanz fördert Unterordnung; Unterwürfigkeit erzeugt Dominanz (Kiesler, 1983).

Für den persönlichen Umgang mit dominanten Männern empfiehlt sich daher:

- Nicht aggressiv reagieren, um Eskalation zu vermeiden.
- Freundlich und respektvoll bleiben.
- Ruhig, klar und selbstsicher auftreten.
- Eigene Emotionen regulieren, für ein konstruktives Miteinander.

Selbstbewusstes Auftreten lässt sich übrigens trainieren – etwa durch Rollenspiele, Video-Feedback oder geschlechtersensible Kommunikationstrainings. Für Gespräche nützt eigene Emotionsregulation, aber z. B. in Social Media kann emotional zugespitzte oder pointierte Kommunikation ggf. erst die nötige Aufmerksamkeit erzeugen. Wenn Macht- oder Geschlechterdynamiken den Austausch blockieren, sollte nicht weiter inhaltlich diskutiert, sondern kann auf der **Metaebene** der Verlauf oder Charakter der Interaktion bewusst reflektiert werden – etwa indem das Gesprächsklima, der Umgangston oder die Rollenverteilung angesprochen werden.

Für professionelle Settings empfiehlt sich zudem eine **geschlechtergerechte Zusammensetzung von Gruppen** (mindestens ein Drittel Frauen), faire Moderation mit klaren **Gesprächsregeln** (keine Unterbrechungen, keine abwertenden Witze), sowie **Austausch in Kleingruppen** oder **anonyme Rückmeldungen**, um ausgeglichenere Beteiligung zu fördern.

Fragen

- Denken Sie an ein dominantes Kommunikationsmuster: Wie können Sie es respektvoll, aber klar unterbrechen?
- Welche organisatorischen Tipps möchten Sie demnächst umsetzen?

5.2 Härtefälle: Wenn Gespräche nicht mehr helfen

Wir sind uns bewusst, dass wir in vielen Konstellationen trotz verbesserter Kommunikation an Grenzen stoßen werden. Dies wird vor allem bei Akteuren der Fall sein, deren **ökonomische, ideologische oder machtpolitische Interessen** fundamental mit fossilen Strukturen verflochten sind – etwa in der Öl-, Gas- und Kohleindustrie oder bestimmten politischen Lagern. In solchen Fällen ist nicht mangelnde Information oder suboptimale Kommunikation das Problem, sondern bewusste Verweigerung und Verteidigung von Privilegien. Auch gezielte Desinformation ist ein enormes Problem.

5.2.1 Machtinteressen in der fossilen Industrie

Christian Stöcker (2024) belegt in seinem Buch *„Männer, die die Welt verbrennen"*, dass die Hauptverursacher der Klimakrise und Bremser des Klimaschutzes fast ausschließlich Männer sind. Er nennt rund hundert einflussreiche Akteure – Politiker, Manager, Medienvertreter –, deren Entscheidungen massiven Schaden anrichten. Dazu zählen Entscheidungsträger in fossilen Konzernen, der Auto- und Luftfahrtindustrie, Lobbyverbänden, Beratungsfirmen, Banken und Medien. In all diesen Machtstrukturen dominieren Männer.

Empirische Untersuchungen lassen erkennen, dass Klimawandelleugnung und -skepsis überproportional unter weißen, politisch konservativen Männern verbreitet sind (McCright & Dunlap, 2013; Milfont et al., 2015; Pearse, 2017; Poortinga et al., 2011).

Diese Dynamik zeigt sich besonders in den klimaschädlichsten Industrien. Dort dominieren Männer Sektoren wie fossile Energie, Bergbau und Schwerindustrie – der Frauenanteil in der globalen Öl- und Gasbranche liegt bei nur rund 22 % (Burrell & Pedersen, 2025). Damit kontrollieren männlich geprägte Eliten zentrale Entscheidungen der Klimapolitik – und blockieren diese häufig aktiv (Anshelm & Hultman, 2014).

Teils verfügen diese über Persönlichkeitsmerkmale wie Selbstbezogenheit, Empathiemangel, Skrupellosigkeit und **geringe Moral** (vgl. „Dunkle Triade" bei Linnepe, 2025). Solche Charaktere gelangen durch Charisma, Taktieren und Manipulation in Führungspositionen. Gespräche mit solchen Personen sind wenig erfolgversprechend. Es ist zwar günstig, narzisstisch strukturierten Personen mehr Anerkennung zukommen zu lassen, um einen guten Kontakt zu ermöglichen. Doch wo keine sachliche Diskussion möglich ist, sollte man Energie und Öffentlichkeit nicht auf Selbstdarsteller verschwenden.

> ▶ **Wichtig** Wir müssen anerkennen, dass manche (Mächtige) kaum zu überzeugen sind, von zerstörerischem Wirken abzulassen. Statt auf Kommunikation zu setzen, braucht es dann **strukturelle Maßnahmen**.

Dies wären **juristische Konsequenzen**, konsequente **Klagen** und wirksame **Strafverfolgung** gegen verantwortungslose Akteure und Konzerne. Konkrete Initiativen sind z. B. „Stop Ökozid", „Rechte der Natur" oder die Greenpeace-„Zukunftsklage". Der Internationale Gerichtshof in Den Haag setzt inzwischen auch klarere Maßstäbe. Zudem sind international erste Klagen wegen Irreführung (Desinformation) erfolgreich. Mehr Vorgaben zu **Transparenz in der Politik**, ein **Parteispenden-Deckel** und **unabhängige Kontrollbehörden** sind wichtige Hebel und werden von Organisationen wie z. B. Lobbycontrol e.V., Parlamentwatch e.V., Transparency International Deutschland e.V. oder FragDenStaat angestrebt, durchaus mit Erfolg.

Fragen

- Welche Macht- oder Interessenkonflikte könnten hinter bestimmten Positionen oder Widerständen stehen?
- Wann ist eine Diskussion mit so einer Person aus ihrer Sicht sinnvoll?
- An welcher Stelle halten Sie es für effizienter, Ihre Energie in strukturelle Veränderung zu investieren?

5.2.2 Das Phänomen „Petromaskulinität"

Ein weiterer Härtefall im Kontext von Klimaschutz wird von Cara Daggett (2018) als „Petromaskulinität" bezeichnet: eine enge **Verknüpfung dominanzorientierter Männlichkeitsvorstellungen mit der Aufrechterhaltung fossiler Energiesysteme**. Daggett beschreibt „Petromaskulinität" als kulturelles Phänomen, in dem fossile Brennstoffe Kontrolle, Unabhängigkeit und Freiheit symbolisieren – zentrale Werte traditioneller Männlichkeit.

Widerstand gegen Klimaschutz wird so zu einem Ausdruck von **Machtbegehren und Identitätspflege**. Besonders drastisch zeigt sich dies im US-amerikanischen Trend „Rolling Coal", bei dem Dieselfahrzeuge manipuliert werden, um schwarze Rauchwolken zu erzeugen – als Akt der Ablehnung von Umweltbewusstsein und oft mit Überlegenheitsgefühlen verbunden. Der Reiz besteht im offenkundig klimaschädlichen Handeln anstelle Gefühle zu spüren wie Schuld, Resignation und Lähmung, die sonst mit dem Klimawandel einhergehen können.

Klimawandelleugnung erscheint in diesem Licht weniger als Kommunikationsproblem, sondern als Ausdruck einer kulturell verankerten Männlichkeitskrise: Der **Verlust fossiler Privilegien** wird nicht als notwendiger Wandel, sondern **als Bedrohung empfunden**. Dies rechtfertigt für einige sogar, die Notwendigkeit von Klimaschutz aktiv abzulehnen (statt nur zu ignorieren) und aktiv verstärkt in Kohle/Öl/Gas zu investieren. Es wird gegen (vermeintliche) Feinde innerhalb des eigenen Landes wie feministische und Umweltschutzbewegungen vorgegangen, die schädliche Männlichkeit und fossile Energieverbrennung ändern wollen. „Petromaskulinität" verachtet Werte wie Fürsorge und Mitgefühl und zeigt kein Interesse an neuer, klimafreundlicher Technologie.

Eine **mildere Variante** dieser Haltung ist der **„Ökomodernismus"**, der in geringem Maße Werte wie Fürsorge und Mitgefühl, aber vor allem (vermeintlich männliche) Prinzipien wie Beharrlichkeit, Härte, Entschlossenheit, Wirtschaftswachstum und Technologiebegeisterung beinhaltet. Es herrscht aber leider der (Irr-)Glaube, dass Wirtschaftswachstum für die Umwelt nicht nur kein Problem, sondern gar die Lösung sei, und dass technologische Innovationen unsere Probleme bezüglich des Klimawandels lösen könnten – anstelle von Verhaltensänderungen und Senkung des Energieverbrauchs (Daggett, 2023).

Fragen

- Welche ihrer Alltagsbeobachtungen scheinen im Zusammenhang mit diesen Überlegungen zu stehen?
- Wie beeinflusst das Ihre Kommunikationsstrategie?

5.3 Desinformation und Verzögerungsargumente

Irreführung und Falschinformation spielt bei der Verhinderung bzw. **Verzögerung der Klimawende** eine zentrale Rolle, da professionelle Klimaleugner-Organisationen seit Jahrzehnten gezielt Zweifel säen (vgl. Oreskes & Conway, 2010). Die Journalistinnen Götze und Joeres (2022) zeigen auf, wie hochprofessionell verschiedene Akteure – dabei vor allem Männer – als „Klimaschmutzlobby" den Klimawandel **leugnen**, **rechtspopulistisch ausnutzen** und **effektive Gegenmaßnahmen ausbremsen**.

► **Wichtig** Wenn Männer, die traditionell oft für technische Belange verantwortlich sind, aufgrund professionell gestalteter, irreführender Kampagnen z. B. gegenüber Wärmepumpen, E-Autos oder nachhaltigem Bauen skeptisch sind, ist das kein individuelles Problem von Männern, sondern ein systemisches Problem.

Einerseits sind dann **leicht zugängliche, breit kommunizierte korrekte Information** und verständliche Aufklärung z. B. zu erneuerbar-technischen Innovationen aus zuverlässiger Quelle nötig. Darüber hinaus kann für die Klimakommunikation helfen:

1. **Wissen über Taktiken der Desinformation:** Die *klimafakten.de*-Redaktion (*P-L-U-R-V – das sind die häufigsten Methoden der Desinformation*, 2020) erläutert fünf irreführende Strategien: **Pseudo-Experten** ins Feld führen, **Logik-Fehler** nutzen, **unerfüllbare Erwartungen** stellen, **Rosinenpickerei** betreiben und **Verschwörungsmythen** verbreiten. Es lohnt sich sehr, diese häufig genutzten **rhetorischen Tricks** zu kennen, um sich in (privaten oder öffentlichen) Diskussionen nicht ablenken oder verwirren zu lassen, sondern die eigenen Standpunkte oder Forderungen weiter zu vertreten.
2. Bei Falschaussagen oder „Geschwurbel" kann **nach Konkretisierung der oft vagen Behauptungen** gefragt werden, z. B. „Was genau meinst du mit…? Sagten Sie gerade, dass…?". Dies offenbart ggf. schon die Absurdität des Gesagten. Gutsche (2024) rät Gegenfragen zu stellen, **nach Quellen zu fragen**, **Faktenchecks** zu machen und dann korrekte Fakten einzubringen – sowie zu erwähnen, dass weltweit derzeit etwa 70.000 Menschen in der Klimaforschung arbeiten.
3. **Reagieren auf Klimaschutz-Verzögerungsargumente** (nach Lamb et al., 2020): Gutsche (2024) empfiehlt diesbezüglich beim **Abschieben von Verantwortung**, d. h. jemand anderes solle zuerst Klimaschutzmaßnahmen ergreifen, zu vermitteln, dass Verantwortungsübernahme immer wichtig sei. Beim **Propagieren von Scheinlösungen**, z. B. dass Erdgas klimafreundlich sei, können ggf. sachliche Gegenargumente gebracht werden. Wenn **negative Nebenfolgen von Klimapolitik überbetont** werden (z. B. Klimaschutz sei sozial ungerecht oder bedrohe den Wohlstand, oder Windräder stünden unschön in der Landschaft), kann auf Nachteile bisheriger Lösungen (z. B. Kohletagebau, Benzin, Atomkraftwerke) verwiesen werden. Im Fall der **Behauptung, es sei zu spät oder nicht möglich**, kann geantwortet werden: Aufgeben gilt nicht und es ist noch nicht zu spät.

Andererseits muss Desinformation und digitale Manipulation auf struktureller Ebene aktiv eingedämmt werden, z. B. durch bessere **Regulierung digitaler Plattformen** durch das europäische Digitale-Dienste-Gesetz. Sonst erweisen sich o.g. Bemühungen als zeit- und energieraubender Kampf gegen Windmühlen.

Fragen

- Wie können Sie sich in Gesprächen gegen Desinformation wappnen? Mit wem können Sie Erwiderungen üben?
- Kennen oder unterstützen Sie bereits Petitionen oder Demonstrationen zur Einschränkung der Macht digitaler Großkonzerne?

6 Struktureller Wandel auf lange Sicht

Wie sich bereits im vorigen Kapitel abzeichnete, braucht es mitunter nicht nur bessere, speziell besser auf Männer angepasste Wissensvermittlung und Kommunikation zum Klimaschutz, sondern auch mehr Verständnis für und Veränderung von gesellschaftlichen Mechanismen – wie Werten, impliziten Machtstrukturen und Geschlechterrollenkonzepten.

6.1 Ein sozialökologisches Gesamtkonzept

Internationale und nationale makroökonomische Untersuchungen der „Earth-For-All-Studien" (Dixson-Declève et al., 2022; Fischedick et al., 2024) zeigen anhand beeindruckender Datenanalysen auf: Mehr soziale Gerechtigkeit ist nicht nur moralisch wünschenswert, sondern für die Bewältigung der Klimakrise zwingend notwendig. Die Quintessenz ist, dass es **neben der Energiewende, der Landwirtschafts-/Ernährungswende und Kreislaufwirtschaft/Rohstoffeinsparungen** mehrere Kehrtwenden bzgl. sozialer Ungleichheit braucht: 1. **Abbau von Armut**. 2. **Abbau finanzieller Ungleichheit**. 3. **Abbau von Geschlechterungerechtigkeit und sonstiger Diskriminierung** („Ermächtigungs-Kehrtwende"). Dies würde positive Wechselwirkungen und soziale Kippunkte auslösen. Das Erreichen des Pariser Klimaabkommen und die Bewältigung des sozialökologischen Kollapses ist möglich, wenn es gelingt, in ein **kollektives, solidarisches Handeln** zu kommen.

B. Siebauer, C. Nennewitz, *MÄNNER. MACHT. KLIMASCHUTZ!*, essentials, https://doi.org/10.1007/978-3-658-50968-2_6

Grundlage für das Gelingen der ökologischen Transformation im Rahmen der „Ermächtigungs-Kehrtwende“ sind: Mehr Empathie und Fürsorge sowie mehr Gerechtigkeit der Geschlechter, also Ermächtigung bzw. Empowerment von Frauen und anderer benachteiligter Personengruppen. Dafür notwendig sind:

- Stärkung weiblicher Selbstwirksamkeit durch Abbau jeglicher, auch subtiler Gewalt oder Herabwürdigung und durch Übertragung von mehr Mitgestaltungsmacht
- Etablierung eines funktionierenden Sorgesystems
- Transformation des Bildungswesens

Dazu und zu jeder anderen Kehrtwende werden in den Earth-For-All-Studien zahlreiche wissenschaftlich fundierte Lösungen aufgezeigt. Um „das große Ganze“ besser zu verstehen, empfehlen wir unbedingt, sich damit näher zu beschäftigen, siehe auch https://earth4all.life/germany/. Entscheidend ist, dass wir verstehen, dass alles miteinander verbunden ist und wir einen integrativen Ansatz verfolgen müssen.

Fragen

- Welche gesellschaftlichen Mechanismen (z. B. Machtstrukturen, Rollenbilder, Ungleichheiten) beeinflussen in Ihrem Umfeld Klimaschutz?
- Wo wollen und können Sie Veränderung anstoßen?

6.2 Gesellschaftlicher Werte-Wandel

Um den multiplen Krisen unserer Zeit zu begegnen, bedarf es auch eines grundlegenden Wertewandels und der Abkehr von patriarchalen, hierarchischen und wettbewerbsorientierten Strukturen hin zu **Gleichstellung, Kooperation und Fürsorge**. Männlichkeitsnormen, die auf Dominanz, Kontrolle und Abwertung des *der „Anderen“ beruhen, müssen kritisch reflektiert und überwunden werden. Werte wie **Empathie, Achtsamkeit und Verantwortungsbewusstsein gegenüber Mensch und Umwelt** – bislang oft als „weiblich“ und damit als zweitrangig betrachtet – sollten geschlechtsunabhängig zur Grundlage gesellschaftlichen Handelns werden.

Auch der ökofeministische Ansatz von Burrell und Pedersen (2025) plädiert für eine „Ethik der Fürsorge“ durch Empathie, Verantwortung und dem Bewusstsein wechselseitiger Abhängigkeiten zwischen Menschen, Tieren und Natur. Er fordert **emotionale Verbundenheit** statt rationaler Distanz und **Beziehung** statt Beherrschung – und zielt auf eine tiefgreifende Transformation von Macht- und Gewaltverhältnissen.

Darüber hinaus bedarf es einer Neubestimmung dessen, was als „**Erfolg**“ gilt: weg von materiellem Besitz, Wettbewerb und Status hin zu **sozialem Zusammenhalt, kollektiver Verantwortung und Nachhaltigkeit**. Eine solche Perspektivverschiebung kann die Grundlage für eine gerechtere und lebensfähigere Gesellschaft bilden – eine, in der **nicht Konkurrenz, sondern Verbundenheit** zählt.

Fragen

- Wie können Sie in Ihren Beziehungen, Teams oder Organisationen mehr Empathie, Kooperation und Fürsorge fördern?
- Wo wollen Sie dazu beitragen, dass Erfolg nicht an Status oder Wettbewerb, sondern an Verantwortung, Verbundenheit und Nachhaltigkeit gemessen wird?

6.3 Moderne, nachhaltige Konzepte von Männlichkeit

In der langfristigen Perspektive ist des Weiteren die Überwindung ungünstiger Geschlechterrollen- und v. a. Männlichkeitskonzepte nur folgerichtig.

In der aktuellen Forschung werden **neue Formen** von Männlichkeit diskutiert, z. B.:

- Anshelm und Hultman (2014) beschreiben das Konzept der „**ecomodern masculinity**“, das Rationalität, Technikaffinität und Fortschritt mit Verantwortungs- und Umweltbewusstsein verbindet.
- Van Tricht (2019) fordert, dass alle Menschen Zugang zu der gesamten Bandbreite menschlicher Eigenschaften haben sollten und diese situativ flexibel leben können. Ziel sei eine Entwicklung von Männlichkeit hin zu **Menschlichkeit** – geprägt von Fürsorge, Verletzlichkeit und Mitgefühl, wodurch Gewaltpotenziale reduziert und soziale Verbundenheit gestärkt werden.

- Posster (2023) stellt Männlichkeit als gesellschaftliches Herrschaftsprinzip infrage und plädiert für eine **geschlechtslose Gesellschaft**.
- Herr und Speer (2025) wünschen Männern mehr Fähigkeit zur **Selbstreflexion, Zuhören und Verstehen**.

Langfristig sollten Jungen und Männer auch dabei unterstützt werden, **bessere emotionale Kompetenzen** – Wahrnehmung, Ausdruck und Berücksichtigung eigener und fremder Gefühle – zu entwickeln. Die traditionelle männliche Sozialisation, die Emotionen wie Angst oder Trauer unterdrückt, führt u. a. häufig zu psychosomatischen Erkrankungen, Substanzmissbrauch, höheren Suizidraten und generell geringerer Lebenserwartung. Emotionale Intelligenz hingegen stärkt psychische Resilienz und ermöglicht authentische Beziehungen auf Augenhöhe.

Diese Entwicklung hat auch **ökologische Bedeutung**: Ein empathischer, reflektierter und fürsorglicher Mensch handelt eher prosozial und nachhaltig. Die Überwindung der „emotionalen Arbeitsteilung", die Männer auf rationales Problemlösen und Frauen auf emotionale Fürsorge reduziert, eröffnet die Möglichkeit, globale Krisen wie den Klimawandel nicht nur als technisches, sondern auch als menschlich-beziehungsorientiertes Problem zu begreifen und kollektiv und kooperativ zu lösen.

Fragen

- Welche Werte möchten Sie in Ihrem Alltag bewusst stärken – und welche alten, problematischen Muster wollen Sie hinter sich lassen?
- Wie würden Sie den Zusammenhang zwischen Männlichkeitsnormen und Ökologie jetzt beschreiben?

7 Fazit

Wirksamer Klimaschutz braucht einen differenzierten Blick auf soziale Rollen, Werte und Identitäten. Denn viele Männer distanzieren sich von Klimaschutz, weil dieser im Sinne von „Fürsorge“ kulturell als „weiblich“ gilt oder wenn ihre männliche Identität infrage gestellt scheint.

Wird Männlichkeit jedoch wertschätzend genutzt oder wird Klimaschutz geschlechterneutral bzw. „maskuliner“ gerahmt, öffnen sich neue Zugänge. Wirksame Klimakommunikation sollte an Ressourcen, Kompetenzen und Rollenbilder anknüpfen, die für viele Männer bedeutend sind. Sie versteht die Macht von Sprache und nonverbalen Signalen. Sie zeigt Männern, dass sie gebraucht werden, und Wege, wie klimafreundliches Verhalten Teil eines positiven Selbstbildes werden kann. Auch der Umgang mit Emotionen und die Themenbotschafter sollten gut gewählt sein.

Auf lange Sicht sind gleichzeitig gesellschaftliche Veränderungen von Strukturen, ein Wandel von Werten und eine Entwicklung hin zu moderner, nachhaltiger Männlichkeit erstrebenswert. Auch dafür braucht es eine Kommunikationskultur, die informiert, einordnet und Orientierung gibt – ohne zu schonen, aber auch ohne zu überfordern. Wie bei der Klima-Kommunikation könnten dort Optimierungen geprüft werden.

Es sollte klar sein, dass effektive Klimaschutzpolitik und Bemühungen um mehr Geschlechtergerechtigkeit gemeinsame Ziele verfolgen: ein gutes Leben für alle. Darum ist eine stärkere Zusammenarbeit zwischen Klima-, Umwelt-, feministischen und geschlechterpolitischen Initiativen ausgesprochen sinnvoll.

B. Siebauer, C. Nennewitz, *MÄNNER. MACHT. KLIMASCHUTZ!*, essentials, https://doi.org/10.1007/978-3-658-50968-2_7

Unter dem Motto „MÄNNER.MACHT.KLIMASCHUTZ!“ lautet die zentrale Erkenntnis: Klimaschutz wirkt dann erfolgreicher, wenn er kurzfristig die Rolle von Männlichkeitsnormen anerkennt und kommunikativ klug damit umgeht – und wenn er gleichzeitig Teil eines größeren kulturellen Umlernprozesses wird, der Fürsorge, Verantwortung und Gemeinschaft als gesellschaftliche Leitwerte stärkt.

Was Sie aus diesem *essential* mitnehmen können

- Die wissenschaftlichen Befunde sind klar: Klimaschutz und Nachhaltigkeit werden irrtümlich als „unmännlich“ verstanden und büßen dadurch für Männer ggf. an Attraktivität ein.
- Wie Geschlechternormen funktionieren, kann historisch, psychologisch und soziologisch gut erklärt werden. Dazu zählt auch das vorherrschende Konzept von Männlichkeit.
- Unser kurzfristiger Lösungsvorschlag: Es braucht eine bessere Anpassungsstrategie der Klimakommunikation an das aktuelle Männlichkeitskonzept.
- Damit die sozialökologische Wende gelingt, sind zudem mittel- und langfristige Veränderungen der Kommunikationskultur, juristische und politische Nachbesserungen, ein prosozialer Wertewandel sowie die Überwindung destruktiver, hierarchischer Geschlechterrollenverhältnisse nötig.
- Wir bieten zu all dem eine lösungs-, ressourcen- und handlungsorientierte Betrachtung an.

B. Siebauer, C. Nennewitz, *MÄNNER. MACHT. KLIMASCHUTZ!*,
essentials, https://doi.org/10.1007/978-3-658-50968-2

Literatur

Anshelm, J., & Hultman, M. (2014). A green fatwā? Climate change as a threat to the masculinity of industrial modernity. *NORMA, 9*(2), 84–96. https://doi.org/10.1080/18902138.2014.908627. Zugegriffen am 15.11.2025.

Arnocky, S., Dupuis, D., & Stroink, M. L. (2012). Environmental concern and fertility intentions among Canadian university students. *Population and Environment, 34*(2), 279–292.

Aubé, J., & Koestner, R. (1992). Gender characteristics and adjustment: A longitudinal study. *Journal of Personality and Social Psychology, 63*(3), 485.

Barth, B., Flaig, B. B., Schäuble, N., & Tautscher, M. (2018). *Praxis der Sinus-Milieus®*. Springer.

Bennett, G., & Williams, F. (2011). Mainstream Green: Moving sustainability from niche to normal. *The Red Papers, 1*(4), 6–120.

Berland, O., & Leroutier, M. (2025). *The gender gap in carbon footprints: Determinants and implications*. London School of Economics and Political Science.

Book, A. S., Starzyk, K. B., & Quinsey, V. L. (2001). The relationship between testosterone and aggression: A meta-analysis. *Aggression and violent behavior, 6*(6), 579–599.

Bosson, J. K., & Michniewicz, K. S. (2013). Gender dichotomization at the level of ingroup identity: What it is, and why men use it more than women. *Journal of personality and social psychology, 105*(3), 425.

Brody, S. D., Zahran, S., Vedlitz, A., & Grover, H. (2008). Examining the relationship between physical vulnerability and public perceptions of global climate change in the United States. *Environment and Behavior, 40*(1), 72–95.

Brough, A. R., Wilkie, J. E. B., Ma, J., Isaac, M. S., & Gal, D. (2016). Is eco-friendly unmanly? The green-feminine stereotype and its effect on sustainable consumption. *Journal of Consumer Research, 43*(4), 567–582. https://doi.org/10.1093/jcr/ucw044. Zugegriffen am 15.11.2025.

Burrell, S. R., & Pedersen, C. (2025). From men's violence to an ethic of care: Ecofeminist contributions to green criminology. *Journal of Criminology, 58*(3), 372–388. https://doi.org/10.1177/26338076241293145. Zugegriffen am 15.11.2025.

B. Siebauer, C. Nennewitz, *MÄNNER. MACHT. KLIMASCHUTZ!*, essentials, https://doi.org/10.1007/978-3-658-50968-2

Connell, R. W. (1990). The state, gender, and sexual politics: Theory and appraisal. *Theory and society, 19*, 507–544.

Daggett, C. (2018). Petro-masculinity: Fossil fuels and authoritarian desire. *Millennium, 47*(1), 25–44.

Daggett, C. (2023). *Petromaskulinität: Fossile Energieträger und autoritäres Begehren.* Matthes et Seitz Berlin.

Diekman, A. B., & Eagly, A. H. (2000). Stereotypes as dynamic constructs: Women and men of the past, present, and future. *Personality and Social Psychology Bulletin, 26*(10), 1171–1188. https://doi.org/10.1177/0146167200262001. Zugegriffen am 15.11.2025.

Dixson-Declève, S., Gaffney, O., Ghosh, J., Randers, J., Rockström, J., & Stocknes, P. E. (2022). *Earth for All-Ein Survivalguide für unseren Planeten. Der neue Bericht an den Club of Rome, 50 Jahre nach „Die Grenzen des Wachstums"*. oekom.

Eagly, A. H., & Karau, S. J. (2002). Role congruity theory of prejudice toward female leaders. *Psychological Review, 109*(3), 573.

Eagly, A. H., & Wood, W. (2012). Social role theory. *Handbook of Theories of Social Psychology, 2*(9), 458–476.

Finucane, M. L., Alhakami, A., Slovic, P., & Johnson, S. M. (2000). The affect heuristic in judgments of risks and benefits. *Journal of behavioral decision making, 13*(1), 1–17.

Fischedick, M., Hennicke, P., Kellerhoff, T., Dittrich, M., Haake, H., Hennes, L., Klingen, J., Spittler, N., Wagner, O., Koglin, I., et al. (2024). *Earth for All Deutschland: Aufbruch in eine Zukunft für Alle*. oekom.

Fischer, E., & Arnold, S. J. (1994). Sex, gender identity, gender role attitudes, and consumer behavior. *Psychology & Marketing, 11*(2), 163–182.

Franz, M., & Karger, A. (2019). *MÄNNER. MACHT. THERAPIE.* Vandenhoeck & Ruprecht.

Gal, D., & Wilkie, J. (2010). Real men don't eat quiche: Regulation of gender-expressive choices by men. *Social Psychological and Personality Science, 1*(4), 291–301.

Götze, S., & Joeres, A. (2022). *Klima außer Kontrolle: Fluten, Stürme, Hitze – Wie sich Deutschland schützen muss*. Piper ebooks.

Graham, J., Haidt, J., & Nosek, B. A. (2009). Liberals and conservatives rely on different sets of moral foundations. *Journal of Personality and Social Psychology, 96*(5), 1029.

Graham, J., Haidt, J., Koleva, S., Motyl, M., Iyer, R., Wojcik, S. P., & Ditto, P. H. (2013). Moral foundations theory: The pragmatic validity of moral pluralism. In *Advances in experimental social psychology* (Bd. 47, S. 55–130). Elsevier.

Gutsche, C. (2024). *Effective Climate Communication: Designing Motivating Conversations and Measures. With practical exercises.* oekom verlag.

Haas, R., Watson, J., Buonasera, T., Southon, J., Chen, J. C., Noe, S., Smith, K., Viviano Llave, C., Eerkens, J., & Parker, G. (2020). Female hunters of the early Americas. *Science advances, 6*(45), eabd0310.

Heilman, M. E., & Saruwatari, L. R. (1979). When beauty is beastly: The effects of appearance and sex on evaluations of job applicants for managerial and nonmanagerial jobs. *Organizational Behavior and Human Performance, 23*(3), 360–372.

Herr, V.-I., & Speer, M. (2025). *Wenn die letzte Frau den Raum verlässt: Was Männer wirklich über Frauen denken: Vorurteile, Ängste und krude Argumente gegen Gleichstellung - und wie wir sie stoppen können*. Ullstein Buchverlage.

Holmberg, K., & Hellsten, I. (2015). Gender differences in the climate change communication on Twitter. *Internet Research, 25*(5), 811–828. https://doi.org/10.1108/IntR-07-2014-0179. Zugegriffen am 15.11.2025.

Hunt, C. J., Fasoli, F., Carnaghi, A., & Cadinu, M. (2016). Masculine self-presentation and distancing from femininity in gay men: An experimental examination of the role of masculinity threat. *Psychology of Men & Masculinity, 17*(1), 108–112. https://doi.org/10.1037/a0039545. Zugegriffen am 15.11.2025.

Hurst, K., & Stern, M. J. (2020). Messaging for environmental action: The role of moral framing and message source. *Journal of Environmental Psychology, 68*, 101394.

Hyde, J. S. (2005). The gender similarities hypothesis. *American Psychologist, 60*(6), 581.

Jenny, M. A., Lehrer, L., Eitze, S., Sprengholz, P., Korn, L., Shamsrizi, P., Geiger, M., Hellmann, L., Mai, L., Maur, K., & Betsch, C. (2022). Accelerating climate protection by behavioural insights: The Planetary Health Action Survey (PACE). *The Lancet Planetary Health, 6*, S19. https://doi.org/10.1016/S2542-5196(22)00281-9. Zugegriffen am 15.11.2025.

Karig, F. (2024). *Was ihr wollt: Wie Protest wirklich wirkt. Eine Handreichung für alle, die die Welt verbessern wollen*. Ullstein Buchverlage.

Kiesler, D. J. (1983). The 1982 interpersonal circle: A taxonomy for complementarity in human transactions. *Psychological review, 90*(3), 185.

Klimafakten.de. (o.J.). https://www.klimafakten.de/. Zugegriffen am 15.11.2025.

Lamb, W. F., Mattioli, G., Levi, S., Roberts, J. T., Capstick, S., Creutzig, F., ... & Steinberger, J. K. (2020). Discourses of climate delay. *Global sustainability, 3*, e17.

Linnepe, K. (2025). *Wenn das Patriarchat in Therapie geht-Sitzungen mit unserem kranken Gesellschaftssystem*. Recorded Books, Incorporated.

Maibach, E. W. (2015). The Francis effect: How Pope Francis changed the conversation about global warming. *Available at SSRN 2695199.*

Manzi, F., & Heilman, M. E. (2021). Breaking the glass ceiling: For one and all? *Journal of Personality and Social Psychology, 120*(2), 257.

Marshall, J., Lu, J., Glynn, S., Leiserowitz, A., & Brookes, T. (2023). *Later is Too Late: A comprehensive analysis of the messaging that accelerates climate action in the G20 and beyond.* Potential Energy Coalition. https://potentialenergycoalition.org/global-report. Zugegriffen am 15.11.2025.

McCright, A. M., & Dunlap, R. E. (2013). Bringing ideology in: The conservative white male effect on worry about environmental problems in the USA. *Journal of Risk Research, 16*(2), 211–226.

Milfont, T. L., Milojev, P., Greaves, L. M., & Sibley, C. G. (2015). Socio-structural and psychological foundations of climate change beliefs. *New Zealand Journal of Psychology, 44*(1), 17.

Motta, M., Ralston, R., & Spindel, J. (2021). A call to arms for climate change? How military service member concern about climate change can inform effective climate communication. *Environmental Communication, 15*(1), 85–98. https://doi.org/10.1080/17524032.2020.1799836. Zugegriffen am 15.11.2025.

Nagarajan, C. (2020). *Gender, climate & security: Sustaining inclusive peace on the frontlines of climate change*. United Nations Environment Programme, UN Women, UNDP and UNDPPA/PBSO.

Neumayer, E., & Plümper, T. (2007). The gendered nature of natural disasters: The impact of catastrophic events on the gender gap in life expectancy, 1981–2002. *Annals of the Association of American Geographers, 97*(3), 551–566.

Olderdissen, C. (2022). *Genderleicht: Wie Sprache für alle elegant gelingt.* Duden.

Oreskes, N., & Conway, E. M. (2010). Defeating the merchants of doubt. *Nature, 465*(7299), 686–687.

Organisation for Economic Co-operation and Development. (2008). *Gender and sustainable development: Maximising the economic, social and environmental role of women.* OECD Publishing.

Parmesan, C., Morecroft, M. D., & Trisurat, Y. (2022). *Climate change 2022: Impacts, adaptation and vulnerability* [PhD Thesis]. GIEC.

Pearse, R. (2017). Gender and climate change. *Wiley Interdisciplinary Reviews: Climate Change, 8*(2), e451.

Petty, R. E., & Cacioppo, J. T. (1986). The elaboration likelihood model of persuasion. In *Advances in experimental social psychology* (Bd. 19, S. 123–205). Elsevier.

Pietralla, J.-T. (2025). *Women at the top: Women hold over 25% of management board positions in the DAX 40 for the first time.* https://www.russellreynolds.com/en/insights/reports-surveys/women-hold-over-25-percent-of-management-boardpositions-in-the-dax-40-for-the-first-time. Zugegriffen am 15.11.2025.

P-L-U-R-V – das sind die häufigsten Methoden der Desinformation. (2020, April 28). *Neue Infografik im Posterformat | klimafakten.de.* https://www.klimafakten.de/kommunikation/p-l-u-r-v-das-sind-die-haeufigsten-methoden-derdesinformation-neue-infografik-im. Zugegriffen am 15.11.2025.

Poortinga, W., Spence, A., Whitmarsh, L., Capstick, S., & Pidgeon, N. F. (2011). Uncertain climate: An investigation into public scepticism about anthropogenic climate change. *Global Environmental Change, 21*(3), 1015–1024.

Poortinga, W., Whitmarsh, L., Steg, L., Böhm, G., & Fisher, S. (2019). Climate change perceptions and their individual-level determinants: A cross-European analysis. *Global Environmental Change, 55*, 25–35.

Posster, K. (2023). *Männlichkeit verraten! Über das Elend der „Kritischen Männlichkeit" und eine Alternative zum heutigen Profeminismus* (Bd. 17). Neofelis.

Schwartz, S. H. (1992). Universals in the content and structure of values: Theoretical advances and empirical tests in 20 countries. In *Advances in experimental social psychology* (Bd. 25, S. 1–65). Elsevier.

Schwartz, S. H., & Rubel, T. (2005). Sex differences in value priorities: Cross-cultural and multimethod studies. *Journal of Personality and Social Psychology, 89*(6), 1010.

Spiller, A. (2006). *Zielgruppen im Markt für Bio-Lebensmittel: Ein Forschungsüberblick.* Department für Agrarökonomie und Rurale Entwickling, Georg-August.

Stöcker, C. (2024). *Männer, die die Welt verbrennen: Der entscheidende Kampf um die Zukunft der Menschheit. Profiteure der fossilen Brennstoffe versus erneuerbare Energien im Zeichen der Klimakatastrophe*. Ullstein Buchverlage.

Stoll-Kleemann, S., & Schmidt, U. J. (2017). Reducing meat consumption in developed and transition countries to counter climate change and biodiversity loss: A review of influence factors. *Regional Environmental Change, 17*(5), 1261–1277. https://doi.org/10.1007/s10113-016-1057-5. Zugegriffen am 15.11.2025.

Stotsky, J. G. (2006). *Gender and its relevance to macroeconomic policy: A survey.* International Monetary Fund, Fiscal Affairs Department.

Sutton, I. (2021). *Geschlechtergräben beim Klimawandel: Wie soll die Klimakommunikation mit ihnen umgehen? klimafakten.de*. https://www.klimafakten.de/kommunikation/geschlechtergraeben-beim-klimawandel-wie-soll-die-klimakommunikation-mit-ihnen. Zugegriffen am 15.11.2025.

Swim, J. K., Vescio, T. K., Dahl, J. L., & Zawadzki, S. J. (2018). Gendered discourse about climate change policies. *Global Environmental Change, 48*, 216–225. https://doi.org/10.1016/j.gloenvcha.2017.12.005. Zugegriffen am 15.11.2025.

United Nations. (o.J.). *Why women are key to climate action*. United Nations. https://www.un.org/en/climatechange/science/climate-issues/women. Zugegriffen am 15.11.2025.

Van Tricht, J. (2019). *Warum Feminismus gut für Männer ist*. Ch. Links Verlag.

Vázquez, A., Larzabal-Fernández, A., & Lois, D. (2021). Situational materialism increases climate change scepticism in men compared to women. *Journal of Experimental Social Psychology, 96*, 104163. https://doi.org/10.1016/j.jesp.2021.104163. Zugegriffen am 15.11.2025.

Vivi, M., & Hermans, A.-M. (2022). "Zero emission, zero compromises": An intersectional, qualitative exploration of masculinities in Tesla's consumer stories. *Men and Masculinities, 25*(4), 622–644. https://doi.org/10.1177/1097184X221114159. Zugegriffen am 15.11.2025.

Voß, H.-J. (2009). *Angeboren oder entwickelt?: Zur Biologie der Geschlechtsentwicklung*. Gen-ethischer Informationsdienst. https://heinzjuergenvoss.de/wp-content/uploads/2018/07/voss-2009-GID-angeboren-oder-entwickelt.pdf. Zugegriffen am 15.11.2025.

Zelezny, L. C., Chua, P., & Aldrich, C. (2000). New ways of thinking about environmentalism: Elaborating on gender differences in environmentalism. *Journal of Social Issues, 56*(3), 443–457. https://doi.org/10.1111/0022-4537.00177. Zugegriffen am 15.11.2025.